"十二五"普通高等教育本科国家级规划教材

C 语言程序设计习题集

（第 3 版）

主　编　龚本灿
副主编　吴西燕
编　者　任小燕
　　　　付云侠
　　　　宋建萍
　　　　王少蓉

中国教育出版传媒集团
高等教育出版社·北京

内容提要

本书是龚本灿主编的《C 语言程序设计教程（第 3 版）》（高等教育出版社）的配套用书，供读者同步练习。全书共 10 章，内容包括 C 语言概述、数据类型、分支结构程序设计、循环结构程序设计、数组、函数、指针、文件、编译预处理和用户定制数据类型。每章分两节，第 1 节为课后习题解答，第 2 节为全国计算机等级考试模拟试题，每道题都附有参考答案，对稍难一点的试题还进行了解析和说明。试题的安排由易到难。课后习题部分相对简单，是学生需要熟练掌握的内容；等考模拟试题部分相对较难，能够满足"全国计算机等级考试二级 C 语言"的需要。

本书所有试题都经过精心挑选和安排，对于编程题，在给出参考答案的同时，充分考虑了程序的可读性和算法的效率，部分编程题还给出了多种参考答案，希望能够开拓读者的思路，引导读者深入理解程序设计的基本思想。

本书既可作为高等学校学生课后复习的参考用书，也可作为全国计算机等级考试的复习参考书。

图书在版编目（CIP）数据

C 语言程序设计习题集/龚本灿主编．--3 版．--北京：高等教育出版社，2020.7（2024.12 重印）
ISBN 978-7-04-053624-9

Ⅰ．①C… Ⅱ．①龚… Ⅲ．①C 语言-程序设计-高等职业教育-习题集 Ⅳ．①TP312-44

中国版本图书馆 CIP 数据核字（2020）第 019005 号

C Yuyan Chengxu Sheji Xitiji

| 策划编辑 | 刘 娟 | 责任编辑 | 刘 娟 | 封面设计 | 李卫青 | 版式设计 | 马 云 |
| 责任校对 | 张 薇 | 责任印制 | 刘思涵 | | | | |

出版发行	高等教育出版社	网 址	http://www.hep.edu.cn
社 址	北京市西城区德外大街 4 号		http://www.hep.com.cn
邮政编码	100120	网上订购	http://www.hepmall.com.cn
印 刷	三河市骏杰印刷有限公司		http://www.hepmall.com
开 本	850 mm×1168 mm 1/16		http://www.hepmall.cn
印 张	14.75	版 次	2011 年 12 月第 1 版
字 数	380 千字		2020 年 7 月第 3 版
购书热线	010-58581118	印 次	2024 年 12 月第 6 次印刷
咨询电话	400-810-0598	定 价	33.30 元

本书如有缺页、倒页、脱页等质量问题，请到所购图书销售部门联系调换
版权所有 侵权必究
物 料 号 53624-A0

前　言

对于 C 语言的初学者来说，实践是最好的教师。学习编程类似于学习武术，光说不练是不可能学会的。编程经验源于实践中的点滴积累，语法知识和程序调试技巧也需要在实践中得到巩固和加强。程序设计是一门艺术，不只是记住一些语法规则，而是要通过大量的编程练习，培养良好的程序设计技能，形成自己独特的编程风格。

为了给读者以充足的实践训练，我们编写了《C 语言程序设计习题集（第 3 版）》，它是龚本灿主编的《C 语言程序设计教程（第 3 版）》的配套用书，供读者同步练习。每章分两节，第 1 节为课后习题解答，第 2 节为全国计算机等级考试（简称"等考"）模拟试题，每道题都附有答案，对稍难一点的试题还进行了解析和说明。试题的编排由易到难。课后习题部分相对简单，是学生需要熟练掌握的内容；等考模拟试题部分相对较难，能够满足"全国计算机等级考试二级 C 语言"的需要。

习题集有 3 种题型：单项选择题、填空题和编程题。单项选择题和填空题主要用来加深读者对基本概念的理解，编程题用来培养读者的编程能力。本书所有试题都经过精心挑选和安排，每道试题都有一定的代表性，专门针对某一知识点进行设计。对于编程题，在给出参考答案的同时，充分考虑了程序的可读性和算法的效率，部分编程题还给出了多种参考答案，希望能够开拓读者的思路、引导读者深入理解程序设计的基本思想。

对于初学者来说，快速掌握编程技巧的一个重要途径就是模仿，因此，学习时建议读者先理解并调试通过教材上的例题，然后模仿例题的编程方法完成课后习题。做课后习题时，先不看答案，做完后再和参考答案进行对照，不正确的题目通过习题解析弄清错误的原因。初学时，重点在课后习题部分，复习时再完成等考模拟试题部分。只要勤动手、多思考、循序渐进，相信读者一定能够掌握程序设计的精髓，并从中体会到编程的乐趣。

本书由龚本灿任主编，吴西燕任副主编，参编人员有任小燕、付云侠、宋建萍、王少蓉。参与本书讨论和校对工作的有赵昕、郭德明、杨华甫、杨景华、高蓉、冯家林、袁伟、丰京丹、叶华、石勇涛。在本书的编写过程中，董方敏教授和周学君副教授对书中内容提出了许多宝贵的意见和建议。在此对他们的支持和帮助表示衷心的感谢。

我们力求精益求精，但由于编者水平有限，书中难免有疏漏之处，恳请广大读者批评指正。作者 E-mail 地址为 gonbc@sina.com。

编 者

2020 年 7 月

目 录

第 1 章　C 语言概述 ·· 1
   1.1　课后习题解答 ·· 1
   1.2　等考模拟试题 ·· 6
第 2 章　数据类型 ·· 9
   2.1　课后习题解答 ·· 9
   2.2　等考模拟试题 ·· 14
第 3 章　分支结构程序设计 ··· 18
   3.1　课后习题解答 ·· 18
   3.2　等考模拟试题 ·· 27
第 4 章　循环结构程序设计 ··· 42
   4.1　课后习题解答 ·· 42
   4.2　等考模拟试题 ·· 56
第 5 章　数组 ·· 73
   5.1　课后习题解答 ·· 73
   5.2　等考模拟试题 ·· 84
第 6 章　函数 ·· 96
   6.1　课后习题解答 ·· 96
   6.2　等考模拟试题 ·· 109
第 7 章　指针 ·· 138
   7.1　课后习题解答 ·· 138
   7.2　等考模拟试题 ·· 151
第 8 章　文件 ·· 175
   8.1　课后习题解答 ·· 175
   8.2　等考模拟试题 ·· 185

第 9 章　编译预处理 ··· 205
9.1　课后习题解答 ··· 205
9.2　等考模拟试题 ··· 209

第 10 章　用户定制数据类型 ·· 215
10.1　课后习题解答 ··· 215
10.2　等考模拟试题 ··· 218

参考文献 ·· 229

第 1 章　C 语言概述

1.1　课后习题解答

一、单项选择题

1. 若有说明语句：int a; float b;，以下输入语句正确的是（　　）。
   （A）scanf("%f%f",&a,&b);　　　　　　（B）scanf("%f%d",&a,&b);
   （C）scanf("%d,%f",&a,&b);　　　　　　（D）scanf("%d,%f",a,b);

   【解析】整型的格式说明符为%d，单精度型的格式说明符为%f，并且格式说明符应与其后的变量一一对应，因此，A 选项和 B 选项错误。scanf( )函数中变量名前需要加上地址符，因此，D 选项错误。

   【答案】C

2. 执行以下程序：int a; float b; scanf("a=%d,b=%f",&a,&b);，欲将 28 和 2.8 分别赋给 a 和 b，正确的输入方法是（　　）。
   （A）28 2.8　　　（B）a=28,b=2.8　　　（C）28,2.8　　　（D）a=28 b=2.8

   【解析】scanf( )函数的格式控制字符串部分允许使用普通字符，输入数据时，在普通字符对应的位置也必须输入该字符。上述 scanf( )函数中，格式控制字符串中普通字符有"a="和",b="，这些字符必须原样输入，因此，B 选项正确。

   【答案】B

3. 下列标识符中，合法的用户标识符是（　　）。
   （A）abc　　　　（B）int　　　　（C）7_a　　　　（D）a+b

   【解析】标识符不能为关键字，因此，B 选项错误。标识符只能由字母、数字和下画线 3 种字符组成，且第一个字符必须为字母或下画线，因此，C 选项和 D 选项错误。

   【答案】A

4. 下列关于 C 语言程序注释的说法中，正确的是（　　）。
   （A）C 语言程序必须有注释
   （B）在对一个 C 语言程序进行编译的过程中，可以发现注释中的拼写错误
   （C）//注释可以跨越多行
   （D）注释用来对程序进行说明，以便他人理解程序各部分的作用

   【解析】注释可有可无，因此，A 选项错误。注释不会影响程序的功能和正确性，编译器

在编译程序时完全忽略注释，不对注释内容进行语法检查，因此，B 选项错误。C 语言注释有两种方式，/*…*/可以是单行，也允许跨越多行，而//只能占一行，称为单行注释，因此，C 选项错误。

【答案】D

5. C 语言编写的源程序（　　）。
   （A）可立即执行　　　　　　　　　　（B）经过编译即可执行
   （C）经过编译和连接后才能执行　　　（D）经过编译和解释后才能执行

【解析】一个 C 语言程序必须经过编译和连接后生成一个可执行文件，最后运行可执行文件得到结果，因此，C 选项正确。

【答案】C

6. C 语言程序经过编译、连接后生成的可执行文件的扩展名是（　　）。
   （A）c　　　　　（B）exe　　　　　（C）o　　　　　（D）obj

【解析】c 是 C 语言源程序的扩展名，obj 是 C 语言源程序编译以后得到的目标文件的扩展名，exe 是连接后生成的可执行文件的扩展名。

【答案】B

7. 下列对 C 语言特点的描述中，不正确的是（　　）。
   （A）C 语言兼有高级语言和低级语言的双重特点，执行效率高
   （B）C 语言既可以用来编写应用程序，又可以用来编写系统软件
   （C）C 语言中变量可以不定义，直接使用
   （D）C 语言是一种结构式模块化程序设计语言

【解析】C 语言中变量必须先定义后使用，因此，C 选项不正确。

【答案】C

8. 计算机唯一能识别的语言是（　　）。
   （A）机器语言　　　（B）汇编语言　　　（C）高级语言　　　（D）面向对象语言

【解析】计算机硬件只能直接识别二进制代码，4 个选项中只有机器语言程序是二进制代码，因此，A 选项正确。

【答案】A

9. 下列关于解释程序和编译程序，正确的描述是（　　）。
   （A）解释程序和编译程序均能产生目标程序
   （B）解释程序和编译程序均不能产生目标程序
   （C）编译程序能产生目标程序，解释程序不能产生目标程序
   （D）编译程序不能产生目标程序，解释程序能产生目标程序

【解析】编译方式是通过编译程序一次性地将整个源程序翻译成机器语言程序，以后每次运行时直接执行已经翻译好的机器语言程序，翻译时产生目标程序。解释方式是每次读取源程序的一条语句进行翻译和执行，翻译一句执行一句，解释方式不产生目标程序，每次运行都需要进行翻译，因此，C 选项正确。

【答案】C

10. 用计算机高级语言编写的程序一般称为（　　）。
    （A）目标程序　　　（B）可执行程序　　　（C）源程序　　　（D）伪代码程序

【解析】用计算机高级语言编写的程序一般称为源程序,因此,C 选项正确。

【答案】C

11. 以下叙述中,不正确的是(　　)。
    (A) 编译程序用于将高级语言源程序转换成目标程序
    (B) 汇编语言采用助记符表示所要执行的操作
    (C) 结构化程序设计有 3 种基本控制结构:顺序结构、选择结构和循环结构
    (D) 注释必须跟在一行语句的后面

【解析】注释可以出现在程序的任何地方,因此,D 选项不正确。

【答案】D

12. 下列关于 C 语言的说法中,正确的是(　　)。
    (A) 所有函数名都可以由用户命名
    (B) 在 C 语言中调用库函数时应包含对应的头文件
    (C) 使用 C 语言编译时不检查语法
    (D) 使用 C 语言编译时若没有错误,则程序的运行结果一定正确

【解析】main( )函数及库函数不能由用户命名,因此,A 选项错误。使用 C 语言编译时会进行语法检查,因此,C 选项错误。C 语言编译时若没有错误,但还可能存在逻辑错误,因此,D 选项错误。

【答案】B

13. C 语言程序能够在不同的操作系统下运行,这说明 C 语言具有很好的(　　)。
    (A) 适应性　　　(B) 兼容性　　　(C) 移植性　　　(D) 操作性

【解析】移植性好是指程序能够在不同的操作系统和机型下运行,因此,C 选项正确。

【答案】C

14. 养成良好的编程习惯对程序员来说很重要,在编写 C 语言程序时,不正确的是(　　)。
    (A) 在程序代码中穿插一些必要的注释
    (B) 变量名字符数越少越好
    (C) 采用分层缩进的书写格式
    (D) 以模块化方式考虑程序结构,以函数形式书写较复杂的程序

【解析】A、C、D 选项所描述的都是良好的编程习惯,变量命名时应尽量"见名知义",并非字符数越少越好,因此,B 选项不正确。

【答案】B

15. 关于算法特点的叙述中,不正确的是(　　)。
    (A) 仅有有限的操作步骤,即无死循环
    (B) 算法的每一个步骤应当是确定的,即无二义性
    (C) 有适当的输入,可以没有输出
    (D) 算法中的每一步都应当能有效地执行

【解析】算法最终必须将计算结果告诉用户,因此,必须有一个或多个输出,没有任何输出的算法是毫无意义的,因此,C 选项不正确。

【答案】C

二、填空题

1. C语言源程序的扩展名是_____。

【答案】 c 或 cpp

2. 上机操作一个 C 程序，一般要经过以下 4 个步骤：_____、_____、_____、_____。

【答案】 编辑、编译、连接、执行

3. C语言程序编译后生成_____程序，连接后生成_____程序。

【答案】 目标、可执行

4. C语言源程序的基本组成单位是_____。

【答案】 函数

5. C语言中语句必须以_____结尾。

【答案】 分号

6. 注释的功能是_____。

【答案】 增强程序的可读性

7. C语言中输入输出操作由_____完成。

【答案】 库函数

8. C语言中标识符由_____、_____、_____组成，且第 1 个字符必须是_____或_____。

【答案】 字母、数字、下画线，字母、下画线

9. 每个 C 语言程序有且只有一个_____函数，它是程序的起点和终点。

【答案】 main( )

10. 程序设计语言的发展经过了从_____、_____到_____的历程。

【答案】 机器语言、汇编语言、高级语言

11. 为解决某个特定问题而采取的_____称为算法。

【答案】 方法和步骤

12. C语言中注释方法有_____和_____两种。

【答案】 /*...*/、//

三、编程题

1. 从键盘输入两个整数，调用库函数，计算这两个数之差的绝对值。

【程序代码】

1	`#include <stdio.h>`	//注明输入输出函数使用的头文件
2	`#include <math.h>`	//注明绝对值函数使用的头文件
3	`void main()`	//定义主函数
4	`{`	
5	`    int x,y,z;`	//定义变量
6	`    printf("请输入两个整数：");`	//显示输入提示信息
7	`    scanf("%d%d",&x,&y);`	//调用库函数从键盘输入数据
8	`    z=abs(x-y);`	//计算两个数之差的绝对值
9	`    printf("结果为：%d\n",z);`	//显示结果
10	`}`	

2. 编写一个 C 语言程序，显示如下所示的功能菜单：
****
欢迎使用工资管理系统
  [1] 输入工资
  [2] 修改工资
  [3] 删除工资
  [4] 退出
****

【程序代码】

1	`#include <stdio.h>`	//注明输入输出函数使用的头文件
2	`void main()`	//定义主函数
3	`{`	
4	`    printf("****************************\n");`	
5	`    printf("   欢迎使用工资管理系统\n");`	
6	`    printf("     [1] 输入工资\n");`	
7	`    printf("     [2] 修改工资\n");`	
8	`    printf("     [3] 删除工资\n");`	
9	`    printf("     [4] 退出\n");`	
10	`    printf("****************************\n");`	
11	`}`	

3. 从键盘输入两个整数到变量 a 和 b 中，然后交换 a 和 b 的值并输出。

【程序代码】

1	`#include <stdio.h>`	//注明输入输出函数使用的头文件
2	`void main()`	//定义主函数
3	`{`	
4	`    int a,b,temp;`	//定义变量
5	`    printf("请输入两个整数: ");`	//显示输入提示信息
6	`    scanf("%d%d",&a,&b);`	//调用库函数从键盘输入数据
7	`    temp=a;`	//以下 3 条语句用于交换 a 和 b 的值
8	`    a=b;`	
9	`    b=temp;`	
10	`    printf("a=%d, b=%d \n",a,b);`	//在屏幕上显示结果
11	`}`	

4. 从键盘输入直角三角形的两条直角边的长度，求斜边的长度和三角形的面积，计算结果保留两位小数。

【程序代码】

1	`#include <stdio.h>`	//注明输入输出函数使用的头文件
2	`#include <math.h>`	//注明 sqrt() 函数使用的头文件
3	`void main()`	//定义主函数
4	`{`	
5	`    double x,y,z,area;`	//定义变量

6	printf("请输入两条直角边的长度：");	//显示输入提示信息
7	scanf("%lf%lf",&x,&y);	//调用库函数从键盘输入数据
8	z=sqrt(x*x+y*y);	//计算斜边
9	area=x*y/2 ;	//计算面积
10	printf("斜边=%7.2lf, 面积=%7.2lf\n",z,area); //显示结果
11	}

5. 从键盘输入两个实数 x 和 y，求 $x^y+|y|$ 的值。
【程序代码】

1	#include <stdio.h>	//注明输入输出函数使用的头文件
2	#include <math.h>	//注明数学函数使用的头文件
3	void main()	//定义主函数
4	{	
5	double x,y,z;	//定义变量
6	printf("请输入两个实数：");	//显示输入提示信息
7	scanf("%lf%lf",&x,&y);	//调用库函数从键盘输入数据
8	z=pow(x,y)+fabs(y);	//计算
9	printf("结果为：%lf\n",z);	//显示结果
10	}	

6. 从键盘输入圆柱体的半径和高，求圆柱体的表面积和体积。
【程序代码】

1	#include <stdio.h>	//注明输入输出函数使用的头文件
2	void main()	//定义主函数
3	{	
4	double r,h,s,v;	//定义变量
5	printf("请输入圆柱体的半径和高：");	//显示输入提示信息
6	scanf("%lf%lf",&r,&h);	//调用库函数从键盘输入数据
7	s=2*3.14*r*r+2*3.14*r*h;	//表面积=2×底面积+侧面积
8	v=3.14*r*r*h;	//体积=底面积×高
9	printf("表面积=%7.2lf, 体积=%7.2lf\n",s,v); //显示结果
10	}	

1.2 等考模拟试题

一、单项选择题

1. 在一个 C 语言程序中（   ）。
   （A）可以有多个 main()函数　　　　（B）可以没有 main()函数
   （C）有且只有一个 main()函数　　　（D）必须有数据输入函数

【解析】C 语言程序可由一个或多个函数组成，但有且只有一个主函数，因此，A 选项和 B 选项错误。C 程序中不一定有数据输入函数，因此，D 选项错误。

【答案】C

2．一个 C 语言程序是由（　　）。
（A）一个主程序和若干个子程序组成　　（B）若干个函数组成
（C）若干个过程组成　　　　　　　　　（D）若干个子程序组成

【解析】C 语言程序由函数组成，因此，B 选项正确。

【答案】B

3．下列语句中，不正确的是（　　）。
（A）void main( )　　　　　　　　　　（B）{ int a,b,c;
（C）a=31:b=22　　　　　　　　　　　（D）c=a+b;}

【解析】C 语言程序一行可以写多条语句，每条语句必须以分号结尾，因此，选项 C 应改为：a=31;b=22;。

【答案】C

4．下列说法中，正确的是（　　）。
（A）C 语言程序书写时，不区分字母大小写
（B）C 语言程序书写时，一行只能写一条语句
（C）C 语言程序书写时，一条语句可分成几行书写
（D）C 语言本身有输入输出语句

【解析】C 语言程序区分字母大小写，因此，A 选项错误。书写 C 语言程序时，一行可写多条语句，中间以分号分隔，因此，B 选项错误。C 语言本身没有输入输出语句，数据输入输出通过库函数来实现，因此，D 选项错误。

【答案】C

5．下列不属于 C 语言特点的是（　　）。
（A）简洁、紧凑　　　　　　　　　　　（B）能够编制出功能复杂的程序
（C）移植性好　　　　　　　　　　　　（D）可以直接对硬件进行操作

【解析】C 语言具有简洁、紧凑，移植性好，可以直接对硬件进行操作等特点，但能够编制功能复杂的程序不是 C 语言的特点，因为其他语言也能编制功能复杂的程序，因此，B 选项错误。

【答案】B

6．C 语言具有低级语言的功能，主要是指（　　）。
（A）程序的可移植性
（B）程序的使用方便性
（C）能直接访问物理地址，可进行位操作
（D）具有现代化语言的各种数据结构

【解析】可移植性好、使用方便、具有丰富的数据结构是高级语言的优点，低级语言最大的优点是能直接访问物理地址，可进行位操作，因此，C 选项正确。

【答案】C

7．下列关于 C 语言的说法中，正确的是（　　）。

(A) C 语言比其他语言高级
(B) C 语言源程序可以直接被计算机执行
(C) C 语言用接近人们习惯的自然语言和数学语言作为语言的表达形式
(D) C 语言出现最晚，各方面都优于其他语言

【解析】C 语言和 BASIC、Pascal 等语言一样同属于高级语言，不能说它比其他语言高级，因此，A 选项错误。C 语言源程序必须经过编译和连接生成可执行文件后才能执行，因此，B 选项错误。C 语言并非各方面都优于其他语言，如其执行效率不如汇编语言，因此，D 选项错误。

【答案】C

二、编程题

求一元二次方程 $3x^2-20x-10=0$ 的根，计算结果保留两位小数。

【程序代码】

1	`#include <stdio.h>`	//注明输入输出函数使用的头文件
2	`#include <math.h>`	//注明 sqrt()函数使用的头文件
3	`void main()`	//定义主函数
4	`{`	
5	`    double a=3,b=-20,c=-10,delta,x1,x2;`	//定义变量
6	`    delta=b*b-4*a*c;`	//计算 delta
7	`    x1=(-b+sqrt(delta))/(2*a);`	//计算方程的根
8	`    x2=(-b-sqrt(delta))/(2*a);`	
9	`    printf("x1=%7.2lf, x2=%7.2lf\n",x1,x2);`	//显示结果
10	`}`	

第 2 章　数据类型

2.1　课后习题解答

一、单项选择题

1. 以下选项中，不属于 C 语言的类型的是（　　）。
   - （A）signed short int
   - （B）unsigned long int
   - （C）unsigned int
   - （D）long short

【答案】D

2. 以下语句的输出结果是（　　）。

```
1  int u=010,v=0x10,w=10;
2  printf("%d,%d,%d\n",u,v,w);
```

   - （A）8,16,10
   - （B）10,10,10
   - （C）8,8,10
   - （D）8,10,10

【解析】010 表示八进制数，0x10 表示十六进制数，10 表示十进制数。格式说明符%d 表示以十进制形式输出。

【答案】A

3. 下列 4 组数据类型中，C 语言允许的一组是（　　）。
   - （A）整型、实型、逻辑型、双精度型
   - （B）整型、实型、字符型，空类型
   - （C）整型、双精度型、布尔型，空类型
   - （D）整型、实型、复型、字符型

【答案】B

4. 以下关于 float 型变量和 double 型变量的描述中，不正确的是（　　）。
   - （A）double 型变量精度更高
   - （B）double 型变量的取值范围更大
   - （C）double 型变量占用的存储空间更大
   - （D）double 型变量更常用

【答案】D

5. 在 C 语言中，char 型数据在内存中存储的是（　　）。
   - （A）补码
   - （B）反码
   - （C）字形码
   - （D）ASCII 码

【答案】D

6. 以下关于 long、int 和 short 型数据占用内存大小的叙述中，正确的是（　　）。
   （A）均占 4 个字节
   （B）根据数据的大小来决定所占内存的字节数
   （C）由用户自己定义
   （D）由 C 语言编译系统决定

【解析】不同数据类型需要分配的存储单元的大小，由 C 编译系统自行决定。

【答案】D

7. 以下程序段的输出结果为（　　）。

```
1  int i=65;
2  putchar(i);
3  printf("%d",i);
4  printf("%c",i);
```

   （A）A,65,A　　　（B）65,65,A　　　（C）A,A,65　　　（D）A,A,A

【解析】字符型数据在内存中存储的是字符的 ASCII 码，"putchar(i);" 和 "printf("%c",i);" 语句都表示输出 ASCII 码值是 65 的字符，即字符 A。

【答案】A

8. 已知：int a=2;，则表达式(a+'E'-'A')*3 的值是（　　）。
   （A）18　　　（B）12　　　（C）8　　　（D）20

【答案】A

9. 若有说明语句：char c='\t';，则变量 c（　　）。
   （A）包含 1 个字符　　　　　　　　（B）包含 2 个字符
   （C）包含 3 个字符　　　　　　　　（D）说明不合法，c 的值不确定

【解析】'\t' 是一个转义字符，表示将输出位置移到下一个<tab>位置，一个<tab>位置为 8 列。

【答案】A

10. 下列选项中，合法的字符常量是（　　）。
    （A）"B"　　　（B）'\010'　　　（C）68　　　（D）D

【解析】'\010'是一个转义字符，表示 ASCII 码值为八进制数 010（即十进制数 8）对应的字符，故 B 选项正确。"B"采用的是双撇号；68 是整型常量；选项 D 缺少单撇号。

【答案】B

11. 表达式 5/2 的值是（　　）。
    （A）2.5　　　（B）2　　　（C）3　　　（D）1

【解析】两个整数相除结果仍为整数，将舍掉小数位。

【答案】B

12. 设有如下定义：

```
1  int a;
2  float f;
3  double i;
```

则表达式 10+a+i*f 的值的数据类型为（　　）。

  （A）int   （B）float   （C）double   （D）不确定

【解析】在表达式中，当不同类型的数据混合在一起进行运算时，系统会按自动转换规则，将操作数由低类型向高类型进行转换。在该表达式中，最高的数据类型是 double，因此，C 选项正确。

【答案】C

13. 假设在程序中 a、b、c 均被定义成整型，并且已赋非 0 值，则能正确计算代数式 $\frac{1}{abc}$ 的表达式是（　　）。

  （A）1/a*b*c   （B）1/(a*b*c)   （C）1/a/b/(float)c   （D）1.0/a/b/c

【解析】1/a*b*c 等价于(1/a)*b*c，所以 A 选项错误；因为两个整数相除结果仍为整数，1/(a*b*c)的值为 0，所以 B 选项错误；1/a 为 0，所以 C 选项错误；1.0/a/b/c 等价于 1.0/(a*b*c)，D 选项正确。

【答案】D

14. C 语言的字符串以（　　）结尾。

  （A）'\l'   （B）'\0'   （C）'\n'   （D）字符串长度

【答案】B

15. 下列字符串常量中，不正确的是（　　）。

  （A）'abc'   （B）"1212\n"   （C）"0"   （D）" "

【解析】字符串常量必须用一对双撇号括起来。

【答案】A

16. 若有说明：int a[10];，则正确使用 a 数组元素的是（　　）。

  （A）a[10]   （B）a[3.5]   （C）a(5)   （D）a[10-10]

【解析】数组 a 的下标范围是 0~9，a[10]超界，所以 A 选项错误；数组的下标不能为小数，所以 B 选项错误；a(5)下标使用的格式不正确，所以 C 选项错误；a[10-10]等价于 a[0]，D 选项正确。

【答案】D

17. 若有定义 char s[5];，则以下输入字符串的语句中，正确的是（　　）。

  （A）scanf("%s",s);   （B）scanf("%s",&s);
  （C）scanf("%s",s[5]);   （D）scanf("%c",s);

【解析】数组名本身就表示了数组在内存中的首地址，因此，通过 scanf( )函数输入字符串时，数组名前不需要加取地址运算符（&）。另外，输入字符数组时采用的格式控制字符是"%s"。

【答案】A

18. 若有如下定义：

```
1  struct type
2  {
3      int a;
4      float b;
5  };
6  struct type s;
```

则以下语句中，正确的是（ ）。

  （A）s=5;   （B）s.a=5;   （C）a=5;   （D）type=5;

【解析】 s 是结构体变量，不能被直接赋值，只有结构体成员可以被赋值；s.a 表示结构体变量 s 的成员 a，可以对其赋值；type 是结构体名，不能被直接赋值。

【答案】 B

19. 设有以下定义语句：

```
1  struct ex
2  {
3      int x;
4      float y;
5      char z;
6  }example={1,2.5, 'n'};
```

则输出结构体成员 x 的值的正确语句是（ ）。

  （A）printf("%d",x);   （B）printf("%d",example.x);
  （C）printf("%d",example_x);   （D）printf("%d",example);

【解析】 example 是结构体变量名，example.x 表示引用结构体变量的成员 x，所以 B 选项正确，输出结果应为 1。

【答案】 B

20. 设有以下定义语句：

```
1  struct ex
2  {
3      int x;
4      float y;
5      char z;
6  }example;
```

则下列叙述中，不正确的是（ ）。

  （A）struct 是结构体类型的关键字 （B）example 是结构体类型名
  （C）x,y,z 都是结构体成员名   （D）struct ex 表示结构体类型

【解析】 B 选项错误，因为 example 是结构体变量名，上述定义方式等价于：

```
1  struct ex
2  {
3      int x;
4      float y;
5      char z;
6  }
7  struct ex example;
```

【答案】 B

二、编程题

1. 已知华氏温度转换为摄氏温度的公式为：$C=5/9(F-32)$，其中，C 为摄氏温度，F 为华氏温度。编写程序从键盘输入华氏温度，将其转换为摄氏温度后输出，要求计算结果保留两位小数。

【程序代码】

1	`#include <stdio.h>`	//注明输入输出函数使用的头文件
2	`void main()`	//定义主函数
3	`{`	
4	`    double f,c;`	//定义变量
5	`    printf("请输入华氏温度：");`	//显示输入提示信息
6	`    scanf("%lf",&f);`	//调用库函数从键盘输入数据
7	`    c=5.0/9*(f-32);`	//计算摄氏温度
8	`    printf("摄氏温度是：%7.2lf\n",c);`	//显示结果
9	`}`	

2. 编写程序，从键盘输入一个整型分钟数，将其换算成用小时和分钟表示，然后输出。

【程序代码】

1	`#include <stdio.h>`	
2	`void main()`	
3	`{`	
4	`    int x,h,m;`	
5	`    printf("请输入分钟数：");`	
6	`    scanf("%d",&x);`	
7	`    h=x/60;`	
8	`    m=x-h*60;`	//该行可以用 x%60 代替，%表示取余数
9	`    printf("小时=%d,分钟=%d\n",h,m);`	
10	`}`	

3. 定义一个表示教师的结构体类型变量，教师信息包括：编号、姓名、年龄、职称。编写程序从键盘输入一个教师的信息，然后将该教师的信息显示在屏幕上。

【程序代码】

1	`#include <stdio.h>`	
2	`struct person_type{`	
3	`    char num[15];`	//编号
4	`    char name[10];`	//姓名
5	`    int age;`	//年龄
6	`    char title[10];`	//职称
7	`}p;`	
8	`void main()`	
9	`{`	

```
10      printf("请输入编号：");
11      scanf("%s",p.num);
12      printf("请输入姓名：");
13      scanf("%s",p.name);
14      printf("请输入年龄：");
15      scanf("%d",&p.age);
16      printf("请输入教师职称：");
17      scanf("%s",p.title);
18      printf("编号\t姓名\t年龄\t职称\n");
19      printf("%s\t%s\t%d\t%s\n",p.num,p.name,p.age,p.title);
20      }
```

2.2 等考模拟试题

一、单项选择题

1. 以下选项中，合法的长整型数是（   ）。
   （A）0L　　　　　（B）12345　　　　　（C）32456&　　　　　（D）216D

【解析】整数后加大写字母 L 或小写字母 l，表示长整型数。

【答案】A

2. 以下字符常量中，不合法的是（   ）。
   （A）'\018'　　　（B）'\"'　　　　　（C）'\\'　　　　　（D）'\xcc'

【解析】\后跟 1~3 位八进制数表示字符的 ASCII 码值时，每一位只能使用数字 0~7，因此，A 选项错误；B 选项表示字符"；C 选项表示字符\；D 选项表示 ASCII 码为十六进制数 cc 的字符。

【答案】A

3. 以下选项中，正确的数据常量是（   ）。
   （A）e15　　　　　（B）0118　　　　　（C）1.5e1.5　　　　　（D）115L

【解析】A 选项中，e 前面没有尾数，错误；B 选项中，用八进制表示常数时，每位数字只能使用 0~7，错误；C 选项用指数形式表示实数时，e 后必须为整数，错误；D 选项中，L 表示长整型数，正确。

【答案】D

4. 若有说明语句：char a;，则以下赋值语句不正确的是（   ）。
   （A）a='\';　　　（B）a='\x41';　　　（C）a='\023';　　　（D）a='a';

【解析】字符\应采用转义字符表示，即'\\'，所以 A 选项错误。

【答案】A

5. 已知字母 A 的 ASCII 码值为十进制数 65，且变量 b 为字符型，则执行语句 b='A'+'6'-'3';后，变量 b 的值为（   ）。
   （A）'D'　　　　　（B）65　　　　　（C）不确定的值　　　　　（D）'C'

【解析】字符型数据在内存中存储的是字符的 ASCII 码，'6'-'3'的值是整数 3，'A'+3 为 68，是字符'D'的 ASCII 码。

【答案】A

6．已知字符'g'的 ASCII 码是 103，将它赋给字符变量 c 的正确语句是（　　）。

(A) c=\147;　　　　(B) c=g;　　　　(C) c='\147';　　　　(D) c='0147';

【解析】在单引号或双引号内的反斜线\表示转义字符，A 选项在无引号时使用反斜线是错误的；字符常量必须用单引号括起来，所以 B 选项错误；C 选项表示 ASCII 码为八进制数 147（十进制数 103）的字符 g，正确；单引号只允许括起一个字符，D 选项在单引号内出现了 4 个字符，是错误的。

【答案】C

7．将一个空格赋给字符变量 c 的正确语句是（　　）。

(A) c='\0'　　　　(B) c=NULL　　　　(C) c=0　　　　(D) c=32

【解析】空格字符（即' '）在内存中存储的是空格的 ASCII 码 32，因此，将整数 32 赋给字符变量 c，相当于给 c 赋一个空格字符。

【答案】D

8．以下转义字符中，错误的是（　　）。

(A) '\000'　　　　(B) '\014'　　　　(C) '\x111'　　　　(D) '\2'

【解析】\x 后跟 1～2 位十六进制数表示 ASCII 码为该十六进制数的字符，\x111 的值为 273，超出了 ASCII 码字符的允许范围。其他都是由八进制数构成的转义字符。

【答案】C

9．已知：char a;int b;float c;double d;执行语句 c=a+b+c+d;后，变量 c 的数据类型是（　　）。

(A) int　　　　(B) char　　　　(C) float　　　　(D) double

【解析】变量的数据类型是在定义时决定的，并不因赋值而改变。

【答案】C

10．以下程序的执行结果是（　　）。

```
#include <stdio.h>
void main()
{
    char c='z';
    printf("%c\n",c-25);
}
```

(A) a　　　　(B) Z　　　　(C) z-25　　　　(D) y

【解析】因为变量 c 中存储的是字符'z'的 ASCII 码，所以表达式 c-25 是将字符 z 的 ASCII 码减 25，得到的将是字符'a'的 ASCII 码。因此，A 选项正确。

【答案】A

11．设某 C 编译系统中，一个 short 型数据在内存中占 2 个字节，则 unsigned short 型数据的取值范围为（　　）。

(A) 0～255　　　　(B) 0～32 767　　　　(C) 0～65 535　　　　(D) 0～2 147 483 647

【解析】unsigned short 型数据没有符号位，则最大的二进制数据为连续的 16 个 1，即十进制数 $2^{16}-1=65\,535$。因此，C 选项正确。

【答案】C

12. 下列 4 个选项中，均是不合法的浮点数的选项是（　　）。
    (A) 160.　0.12　e3
    (B) 123　2e4.2　.e5
    (C) -.18　123e4　0.0
    (D) -e3　.234　1e3

【解析】C 语言中的浮点数有两种表示形式：① 十进制小数形式；② 指数形式，注意 e 或 E 之前必须有数字，且 e 或 E 后面必须为整数。A 选项中 e3 非法，因为只有阶码 3，没有尾数，其余两数都是合法的浮点数；B 选项中 123 是整数，不是浮点数，2e4.2 的阶码部分 4.2 不是整数，也是非法的，.e5 尾数部分不能只有小数点，也是非法的；C 选项中的 3 个数均是合法的浮点数；D 选项中.234 和 1e3 是合法的浮点数，只有-e3 因为没有尾数，是非法的。因此，B 选项正确。

【答案】B

13. 在定义一个结构体变量时，系统分配给它的存储空间是（　　）。
    (A) 该结构体中第一个成员所需的存储空间
    (B) 该结构体中最后一个成员所需的存储空间
    (C) 该结构体中占用最大存储空间的成员所需的存储空间
    (D) 该结构体中所有成员所需的存储空间之和

【解析】因为结构体变量的每一个成员都需要分配存储空间，因此所需存储空间为所有成员所占存储空间之和。

【答案】D

14. 下列结构体的定义语句中，错误的是（　　）。
    (A) struct ord {int x; int y;int z;}; struct ord a;
    (B) struct ord {int x; int y;int z;} struct ord a;
    (C) struct ord {int x; int y;int z;} a;
    (D) struct {int x; int y;int z;} a;

【解析】A 选项先定义结构体，再用该结构体定义结构体变量，正确；B 选项中，语句 struct ord a;前面缺少分号，不正确；C 选项在定义结构体的同时定义结构体变量，正确；D 也是在定义结构体的同时定义结构体变量，并且在定义结构体时省略了结构体名，正确。

【答案】B

二、填空题

1. 有以下程序（说明：字符 0 的 ASCII 码值为 48）：

1	`#include <stdio.h>`
2	`void main()`
3	`{`
4	`    char c1,c2;`
5	`    scanf("%d",&c1);`
6	`    c2=c1+9;`
7	`    printf("%c %c\n",c1,c2);`
8	`}`

若程序运行时从键盘输入 48<回车>，则输出结果为_____。

【解析】输入 48，c1 的值为字符'0'，c2 的值为字符'9'。

【答案】0 9

2. 以下程序运行后的输出结果是_____。

```
#include <stdio.h>
void main()
{
    int a=200,b=010;
    printf("%d%d\n",a,b);
}
```

【解析】变量 b 的值为八进制数，等价于十进制数 8。

【答案】2008

3. 有以下程序

```
#include <stdio.h>
void main()
{
    int x,y;
    scanf("%2d%1d",&x,&y);
    printf("%d\n",x+y);
}
```

程序运行时输入 2345678，程序的运行结果是_____。

【解析】scanf( )函数按格式控制符中设定的位数读取数据，这样 x 的值是 23，y 的值是 4。

【答案】27

4. 若有定义语句：int a=21,b=25;，要求用 printf( )函数以 a=21，b=55 的形式输出结果，则完整的输出语句为_____。

【答案】printf("a=%d,b=%d\n",a,b);

第 3 章 分支结构程序设计

3.1 课后习题解答

一、单项选择题

1. 设有定义：int a=3,b=0,c=5;，则以下表达式中，值为 0 的是（   ）。
   （A）'a'&&'b'　　　　（B）a&&b||c　　　　（C）a&&b&&c　　　　（D）a||b&&c

   【答案】C

2. 能表示数学式 x<y<z 的 C 语言表达式是（   ）。
   （A）(x<y)&&(y<z)　　　　　　　　　（B）(x<y)AND(y<z)
   （C）(x<y<z)　　　　　　　　　　　（D）(x<y)&(y<z)

   【答案】A

3. 判断 char 型变量 ch 是否为大写字母的正确表达式是（   ）。
   （A）'A'<=ch<='Z'　　　　　　　　　（B）(ch>='A')&(ch<='Z')
   （C）(ch>='A')&&(ch<='Z')　　　　　（D）('A'<=ch)AND('Z'>=ch)

   【答案】C

4. 下列运算符中优先级别最高的是（   ）。
   （A）<　　　　（B）+　　　　（C）&&　　　　（D）!=

   【答案】B

5. 设 int x=1,y=2;，则表达式(!x||y)的值是（   ）。
   （A）0　　　　（B）1　　　　（C）2　　　　（D）-1

   【解析】或运算符右侧 y 的值为 2，表示"真"，所以整个表达式的值为"真"，即数值 1。

   【答案】B

6. 当 A 为奇数时表达式的值为真，否则为假，不能满足此要求的表达式是（   ）。
   （A）A%2==1　　　　（B）!(A%2==0)　　　　（C）!(A%2)　　　　（D）A%2

   【解析】当 A 为奇数时，A%2 的值为 1。A 选项能满足条件；B 选项中，当 A 为奇数时，A%2 为 1，(A%2==0)的值为假，!(A%2==0)为真，能满足条件；C 选项的表达式为假，不满足条件；D 选项的表达式的值为 1，能满足条件。

   【答案】C

7. 以下 4 个选项中，不能看作一条语句的是（   ）。

（A）{;} (B) a=0,b=0,c=0;
（C）if(a>0); (D) if(b==0) m=1;n=2;

【解析】 在 C 语言中，每条语句必须以分号（;）结尾。A 选项中用一对花括号{ }括起来的部分是一条复合语句，花括号中可以包含一条或多条语句，单独一个分号是一条空语句，表示什么操作都不做。B 选项中只有一个分号，是一条语句，分号前是一个逗号表达式；C 选项中条件语句的执行部分是空语句；D 选项是两条语句，if(b==0) m=1;是一条 if 语句，n=2;是一条赋值语句。

【答案】 D

8. 已知 int a=10,b=20,c=30;，执行语句 if(a>b)c=a; a=b; b=c;后，a、b、c 的值是（　　）。
   （A）a=10,b=20,c=30 (B) a=20,b=30,c=30
   （C）a=20,b=30,c=10 (D) a=20,b=30,c=20

【解析】 if(a>b)c=a;是一条 if 语句，因为 a>b 不成立，所以跳过语句 c=a;，直接执行语句 a=b;和 b=c;，因此 a=20、b=30、c=30。

【答案】 B

9. 已知 int a=10,b=20;，以下语句中编译时会出错的是（　　）。
   （A）if(a>b);
   （B）if(a==b)&&(a!=0) a=a+b;
   （C）if (a!=b)scanf("%d",&a); else scanf("%d",&b);
   （D）if (a<b){a++; b++;}

【解析】 因为 if 后面的条件表达式必须用圆括号括起来，所以 B 选项不正确，正确的写法应该是：if((a==b)&&(a!=0)) a=a+b;。

【答案】 B

10. 以下关于 switch 语句的叙述中，错误的是（　　）。
    （A）switch 语句允许嵌套使用
    （B）语句中必须有 default 部分，才能构成正确的 switch 语句
    （C）语句中各 case 与后面的常量表达式之间必须有空格
    （D）省略 break 语句时，程序会继续执行下面的 case 分支

【解析】 default 部分可以省略，因此 B 选项不正确。

【答案】 B

11. 以下程序的输出结果是（　　）。

```
1  #include <stdio.h>
2  void main()
3  {
4      int i=11;
5      printf("%d ",++i);
6      printf("%d\n",i);
7  }
```

（A）12 12　　(B) 11 12　　(C) 12 11　　(D) 11 11

【解析】 因为 i 的初值为 11，执行++i 时，变量 i 的值加 1 变成 12，表达式++i 的值为变量

i 加 1 之后的值 12，因此，输出结果为 12 12。

【答案】A

12. 以下程序的输出结果是（　　）。

```
1  #include <stdio.h>
2  void main()
3  {
4      int i=011;
5      printf("%d ",i++);
6      printf("%d\n",i);
7  }
```

（A）12 11　　　　（B）11 11　　　　（C）10 11　　　　（D）9 10

【解析】因为 i 的初值为八进制数 011，即十进制数 9，执行 i++ 时，变量 i 的值加 1 变成 10，表达式 i++ 的值为变量 i 加 1 之前的值 9，因此，输出结果为 9 10。

【答案】D

13. 已知 int x=5,y=5,z=5;，执行语句 x%=y+z;后，x 的值是（　　）。

（A）0　　　　　　（B）1　　　　　　（C）5　　　　　　（D）6

【解析】因为算术运算符"+"的优先级高于赋值运算符"%="，x%=y+z;语句等价于 x%=10;，即 x=x%10;，因此，x 的值是 5。

【答案】C

14. 以下程序的输出结果是（　　）。

```
1  #include <stdio.h>
2  void main()
3  {
4      int a=3,b=2,c=1;
5      a=(b=4)+c;
6      printf("%d\n",a);
7  }
```

（A）3　　　　　　（B）4　　　　　　（C）5　　　　　　（D）6

【解析】因为赋值表达式(b=4)的值为 4，a=(b=4)+c;语句等价于 a=4+c;，因此，a 的值为 5。

【答案】C

15. 以下程序的输出结果是（　　）。

```
1  #include <stdio.h>
2  void main()
3  {
4      int a=3,b=2,c=1;
5      c=5?a++:b--;
6      printf("%d\n",c);
7  }
```

（A）2　　　　　（B）3　　　　　（C）4　　　　　（D）5

【解析】先计算赋值号右侧条件表达式5?a++:b--的值；由于条件5为真，所以将a++的值作为条件表达式的值；这样c=5?a++:b--;等价于c=a++;，而表达式a++的值为3，因此c的值为3。

【答案】B

16．已知int x=(1,2,3,4);，变量x的值是（　　　）。
　　（A）1　　　　　（B）2　　　　　（C）3　　　　　（D）4

【解析】因为(1,2,3,4)是一个逗号表达式，其值为逗号最右侧表达式的值，即4。

【答案】D

17．以下if语句中，编译时会出错的是（　　　）。
　　（A）if (i<j);
　　（B）if(i==j) i=0,j++;
　　（C）if(i<j) i=0,else j=0;
　　（D）if(i!=j) i=j;

【解析】A选项中if语句的执行体是一条空语句，正确；B选项中if语句的执行体是由逗号表达式组成的一条语句，正确；C选项中"i=0,"不正确，应该是"i=0;"。

【答案】C

18．已知int a=5,b=6,c=3;，以下语句中执行结果与其他3个不同的是（　　　）。
　　（A）if (a>b)c=a,a=b,b=c;
　　（B）if (a>b){c=a,a=b,b=c;}
　　（C）if (a>b)c=a;a=b;b=c;
　　（D）if (a>b){c=a;a=b;b=c;}

【解析】B和D选项的if语句后都是复合语句，由于a>b条件不成立，所以复合语句不执行，a、b、c保持原值；A选项中，c=a,a=b,b=c;只有一个分号，是由逗号表达式构成的一条语句，又由于a>b条件不成立，所以该条语句不执行，a、b、c保持原值；C选项中有3条语句，其中if (a>b)c=a;是一条if语句，由于a>b条件不成立，c=a;没有执行，但语句a=b;b=c;是执行了的，a和b的值发生了改变。

【答案】C

19．已知int a=0,b=4;，下列语句中i++;语句能够执行的是（　　　）。
　　（A）if(a)i++;
　　（B）if(a=b)i++;
　　（C）if(a>=b)i++;
　　（D）if(!(b-a)) i++;

【解析】A选项中由于条件a为假，不会执行i++;语句；B选项中a=b是一个赋值表达式，其值为赋值后变量a的值，即4，由于条件为真，会执行i++;语句；C选项中由于条件为假，不会执行i++;语句；D选项中b-a等于4，!(b-a)为0，由于条件为假，不会执行i++;语句。

【答案】B

20．下列运算符按优先级从高到低的正确排序是（　　　）。
　　（A）!、&&、/、>=
　　（B）!、/、>=、&&
　　（C）!、/、&&、>=
　　（D）/、!、&&、>=

【解析】单目运算符!的优先级高于双目运算符，双目运算符中，算术运算符高于关系运算符，关系运算符高于逻辑运算符。

【答案】B

21．执行下列语句后，变量y的值是（　　　）。

```
1  int x=5,y;
2  y=2.75+x/2;
```

（A）5　　　　（B）4.75　　　　（C）4　　　　（D）4.0

【解析】x/2 结果为 2，2.75+2 的结果为 4.75，赋给整型变量 y 时，要将 4.75 转换成整型，因此 y 的值为 4。

【答案】C

二、填空题

1. a≠b 或 a≤c 的 C 语言表达式为_____。

【答案】(a!=b)||(a<=c)

2. 20<x<30 或 x<-100 的 C 语言表达式为_____。

【答案】(x>20 && x<30)||(x<-100)

3. 若有定义：int a=0,b=3,c=4;，则表达式 !a&&b>c 的值为_____。

【解析】因为 !a 为真，但 b>c 为假，所以结果为假。

【答案】0

4. 在 C 语言中，当表达式的值为 0 时，表示逻辑值"假"，当表达式的值为_____时，表示逻辑值"真"。

【答案】非 0

5. 若有定义：int a=0,b=3,c=4;，则表达式 a&&b||c 的值为_____。

【答案】1

6. 设 x 为 int 型变量，请写出一个条件表达式_____，当 x 是 3 和 7 的倍数时，条件表达式的值为真。

【答案】(x%3==0) && (x%7==0)

三、编程题

1. 从键盘输入一个正整数，判断它是否为 3 和 5 的倍数，如果是，则输出 yes，否则输出 no。

【程序代码】

1	`#include <stdio.h>`	//注明输入输出函数使用的头文件
2	`void main()`	//定义主函数
3	`{`	
4	`    int x;`	
5	`    printf("请输入一个正整数：");`	//显示输入提示信息
6	`    scanf("%d",&x);`	
7	`    if(x%3==0 && x%5==0)`	
8	`        printf("yes\n");`	
9	`    else`	
10	`        printf("no\n");`	
11	`}`	

2. 编写程序，输入三角形的 3 条边长，求其面积。注意：三角形的任意两边之和必须大于第 3 边，对于不合理的边长输入，要求给出错误提示。

【程序代码】

```
1   #include <stdio.h>                              //注明输入输出函数使用的头文件
2   #include <math.h>                               //注明平方根函数使用的头文件
3   void main()                                     //定义主函数
4   {
5       float a,b,c,p,s;
6       printf("输入三角形的3条边长：\n");
7       scanf("%f%f%f",&a,&b,&c);
8       if(a+b>c&&a+c>b&&b+c>a)                     //判断a、b、c能否构成三角形
9       {
10          p=(a+b+c)/2;
11          s=sqrt(p*(p-a)*(p-b)*(p-c));
12          printf("三角形的面积是%.2f\n",s);
13      }
14      else
15          printf("a、b、c不能构成三角形\n");      //a、b、c不能构成三角形
16  }
```

3. 根据以下分段函数编写程序，输入一个 x 值，输出相应的 y 值。

$$y = \begin{cases} x-1 & (-5 < x < 0) \\ x & (x = 0) \\ x+1 & (0 < x < 8) \\ 10 & (其他) \end{cases}$$

【程序代码】

```
1   #include <stdio.h>                              //注明输入输出函数使用的头文件
2   void main()                                     //定义主函数
3   {
4       int x,y;
5       scanf("%d",&x);
6       if(x>-5&&x<0)
7           y=x-1;
8       else if(x==0)
9           y=x;
10      else if(x>0&&x<8)
11          y=x+1;
12      else
13          y=10;
14      printf("y=%d\n",y);
15  }
```

4. 从键盘输入一个字符，如果是小写字母，则将其转换成大写字母输出；如果是大写字母，则将其转换成小写字母输出；如果是其他字符，则原样输出。

【程序代码】

```
1    #include <stdio.h>
2    void main()
3    {
4        char c;
5        printf("请输入一个字符:");
6        scanf("%c",&c);
7        if (c>='a'&& c<='z')
8            printf("%c\n", c-32);
9        else if(c>='A'&& c<='Z')
10           printf("%c\n", c+32);
11       else
12           printf("%c\n", c);
13   }
```

【解析】 小写字母与大写字母的 ASCII 码值之差为 32，程序中 32 也可以用('a'-'A')代替。

5. 从键盘输入 3 个整数到变量 a、b 和 c 中，将这 3 个数由小到大进行排序，使 a 中存放最小数，c 中存放最大数，然后输出。

【程序代码】

```
1    #include <stdio.h>              //注明输入输出函数使用的头文件
2    void main()
3    {
4        int a,b,c,t;                //定义变量,其中 t 为中间变量
5        printf("请输入 3 个整数");    //显示输入提示信息
6        scanf("%d%d%d",&a,&b,&c);
7        if(a>b){t=a;a=b;b=t;}       //交换
8        if(a>c){t=a;a=c;c=t;}       //交换,此时变量 a 中存放的是最小数
9        if(b>c){t=b;b=c;c=t;}       //交换
10       printf("%d<=%d<=%d",a,b,c);
11   }
```

6. 输入一个 3 位整数，判断它是否为水仙花数。当输入数据不正确时，要求给出错误提示。说明：水仙花数是一个 3 位数，其各位数的立方之和等于该数本身，如 $153=1^3+5^3+3^3$。

【程序代码】

```
1    #include <stdio.h>
2    void main()
3    {
4        int  a, b, c, x;            //变量定义 x 表示输入的 3 位数
5        printf("请输入一个 3 位数:\n");
6        scanf("%d", &x);
7        if (x<1000 && x>=100)
8        {
```

9	a=x/100;	//计算 x 的百位上的数
10	b=x/10%10;	//计算 x 的十位上的数
11	c=x%10;	//计算 x 的个位上的数
12	if(x==a*a*a+b*b*b+c*c*c)	
13	printf("%d 是一个水仙花数\n",x);	
14	else	
15	printf("%d 不是一个水仙花数\n",x);	
16	}	
17	else	
18	printf("输入数据错误！\n");	
19	}	

7. 从键盘输入 3 个整数 a、b、c 的值，求一元二次方程 $ax^2+bx+c=0(a\neq 0)$ 的根，计算结果保留两位小数。

【程序代码】

1	#include <stdio.h>
2	#include <math.h>
3	void main()
4	{
5	int a,b,c,delta;
6	double x1,x2;
7	printf("请输入方程的 3 个系数:");
8	scanf("%d%d%d",&a,&b,&c);
9	delta=b*b-4*a*c; //计算 delta
10	if(delta>0) //如果 delta>0，有两个不等实根
11	{
12	x1=(-b+sqrt(delta))/(2*a); //计算方程的根
13	x2=(-b-sqrt(delta))/(2*a); //计算方程的根
14	printf("方程的解为:x1=%.2lf,x2=%.2lf\n",x1,x2);
15	}
16	else if(delta==0) //delta==0,方程有两个相等实根
17	{
18	x1=x2=-b/(2.0*a);
19	printf("方程的解为:x1=x2=%.2lf\n",x1);
20	}
21	else //如果 delta 小于 0，方程有两个虚根
22	{
23	printf("x1=%.2lf+%.2lfi\n",-b/(2.0*a),sqrt(-delta)/(2*a));
24	printf("x2=%.2lf-%.2lfi\n",-b/(2.0*a),sqrt(-delta)/(2*a));
25	}
26	}

8. 已知银行整存整取存款不同期限的月息利率如下：0.215%（期限一年）、0.230%（期限两年）、0.245%（期限三年）、0.275%（期限五年）、0.320%（期限八年），编程从键盘输入存款

的本金和期限,计算到期时从银行得到的金额,计算结果保留两位小数。要求分别用多分支 if 语句和 switch 语句编写,并且当输入的存款期限不是上述年限时能给出错误提示信息。

【程序代码】(多分支 if 语句)

```
1   #include <stdio.h>              //注明输入输出函数使用的头文件
2   void main()
3   {
4       int year,flag=1;
5       double money,rate,total;    //money:本金  rate:月利率  total:合计
6       printf("请输入存款的本金和期限: ");
7       scanf("%lf%d",&money,&year);    //输入本金和存款年限
8       if(year==1)
9           rate=0.00215;
10      else if(year==2)
11          rate=0.0023;
12      else if(year==3)
13          rate=0.00245;
14      else if(year==5)
15          rate=0.00275;
16      else if(year==8)
17          rate=0.0032;
18      else
19      {
20          printf("输入期限不正确!\n");
21          flag=0;
22      }
23      if(flag)
24      {
25          total=money+money*rate*12*year;
26          printf("金额=%.2lf\n",total);
27      }
28  }
```

【程序代码】(switch 语句)

```
1   #include <stdio.h>              //注明输入输出函数使用的头文件
2   void main()
3   {
4       int year,flag=1;
5       double money,rate,total;    //money:本金  rate:月利率  total:合计
6       printf("请输入存款的本金和期限: ");
7       scanf("%lf%d",&money,&year);    //输入本金和存款年限
8       switch(year)
9       {
```

```
10              case 1:  rate=0.00215;break;
11              case 2:  rate=0.0023;break;
12              case 3:  rate=0.00245;break;
13              case 5:  rate=0.00275;break;
14              case 8:  rate=0.0032;break;
15              default:printf("输入期限不正确！\n"); flag=0;
16          }
17          if(flag)
18          {
19              total=money+money*rate*12*year;
20              printf("金额=%.2lf\n",total);
21          }
22      }
```

3.2 等考模拟试题

一、单项选择题

1．若变量 a 是整型，则逻辑表达式(a==1)||(a!=1)的值是（　　）。
　（A）1　　　　　（B）0　　　　　（C）2　　　　　（D）不能确定
【解析】a 无论取何值，表达式 a==1 和 a!=1 中总有一个的值为真（真用 1 表示），因此，A 选项正确。
【答案】A

2．以下选项中，当 x 为大于 1 的奇数时，值为 0 的表达式是（　　）。
　（A）x%2==1　　（B）x/2　　　（C）x%2!=0　　（D）x%2==0
【解析】A 选项中 x 为奇数时，x%2 的值为 1，x%2==1 的值为真，即 1；B 选项中当 x 为大于 1 的奇数时，x/2 肯定不为 0；C 选项中 x%2!=0 的值为真，即 1。
【答案】D

3．有定义：int a; long b; double x,y;，无论 a、b、x 和 y 为何值，表达式都正确的选项是（　　）。
　（A）a%(int)(x−y)　　　　　　（B）a=x!=y;
　（C）(a*y)%b　　　　　　　　（D）y=x+y=x
【解析】A 选项中，如果 x 与 y 的值相等，那么取余时就会有除数为 0 的情况；C 选项中，取余的两个操作数都应为整数，不能为实型变量；D 选项中，x+y=x 不正确，因为赋值号左侧必须是一个变量；B 选项中，将关系表达式 x!=y 的值赋给变量 a。
【答案】B

4．sizeof(double)的值是（　　）。
　（A）函数 sizeof 的返回值　　　　　（B）double 型数据
　（C）int 型数据　　　　　　　　　　（D）char 型数据

【解析】sizeof 是求字节数运算符，sizeof(double)是表达式，表示求 double 类型变量所占的字节数，其值为整数。

【答案】C

5. 在 Visual Studio 2012 中，以下程序的输出结果是（　　）。

```
1  #include <stdio.h>
2  void main()
3  {
4      int s,t,A=10;
5      double B=6;
6      s=sizeof(A);
7      t=sizeof(B);
8      printf("%d,%d\n",s,t);
9  }
```

　　（A）2,4　　　　　（B）4,4　　　　　（C）4,8　　　　　（D）10,6

【解析】sizeof()是求字节运算符，在 Visual Studio 2012 中，整型（int）占 4 个字节，双精度型（double）占 8 个字节。

【答案】C

6. 已知 int i=10;，表达式 20-0<=i<=9 的值是（　　）。

　　（A）0　　　　　（B）1　　　　　（C）19　　　　　（D）20

【解析】上述表达式中算术运算符"-"的优先级最高，先计算 20-0，得 20，再计算 20<=i，其值为假，得 0，最后计算 0<=9，其值为真，得 1。

【答案】B

7. 执行语句 a=1+5<8&&2+6||!10<3;后，a 的值为（　　）。

　　（A）1　　　　　（B）0　　　　　（C）2　　　　　（D）6

【解析】上述表达式中，表达式 1+5<8 的值是真，2+6 的值为 8，也是真，因此 1+5<8&&2+6 的值是真，表达式 1+5<8&&2+6||!10<3 的值也是真，即 1，最后将 1 赋给变量 a。

【答案】A

8. 已知：int a=1,b=2,c=3,d=4,x,y=3;，执行语句(x=a>b)&&(y=c>d);后，y 的值为（　　）。

　　（A）1　　　　　（B）2　　　　　（C）3　　　　　（D）4

【解析】对于表达式(x=a>b)，先执行 a>b，其值为 0，因此表达式(x=a>b)的值为 0；在"&&"表达式中，如果"&&"左端的计算结果为 0，则右端不再计算，因此，y 的值仍为 3。

【答案】C

9. 若所有变量均已正确定义，下列表达式中不正确的是（　　）。

　　（A）a<>b+c　　　　　　　　　　（B）ch=getchar()
　　（C）a==b+c　　　　　　　　　　（D）a++

【解析】A 选项中关系运算符错误，应该为 a!=b+c。

【答案】A

10. 以下程序的运行结果是（　　）。

```
1  #include <stdio.h>
2  void main()
3  {
4      int x=1,y=0;
5      if(!x)  y++;
6      else if(x==0)   if(x)   y+=5;
7      else y+=6;
8      printf("%d\n",y);
9  }
```

(A) 0　　　　　(B) 1　　　　　(C) 2　　　　　(D) 3

【解析】在 if-else 语句中，else 总是和最近的 if 配对，这样程序中的 if 语句可以写成以下形式：

```
1  if(!x)
2      y++;
3  else if(x==0)
4  {
5      if(x) y+=5;
6      else  y+=6;
7  }
```

由于(!x)不成立，接着判断(x==0)又不成立，所以对 y 未进行任何操作，其值仍为初始值 0。

【答案】A

11．若有以下定义语句 int a,b;double c;，则下列选项中正确的是（　　）。

(A) switch(c%3)
　　{ case 0: a++; break;
　　　case 1: b++; break;
　　　default: a++; b++;
　　}

(B) switch((int)c/9.0)
　　{ case 0: a++; break;
　　　case 1: b++; break;
　　　default: a++; b++;
　　}

(C) switch((int)c%5)
　　{ case 0: a++; break;
　　　case 1: b++; break;
　　　default: a++; b++;
　　}

(D) switch((int)(c)%5)
　　{ case 0.0: a++; break;
　　　case 1.0: b++; break;
　　　default: a++; b++;
　　}

【解析】switch 语句中表达式的值必须是整型或字符型数据，与之对应，case 后面的常量也应为整型或字符型常量，按照这一原则，B 和 D 选项不正确；A 选项中，取余的两个操作数都应为整数，因此表达式 c%3 不正确，而只有 C 选项是正确的。

【答案】C

12．逻辑运算符两侧运算对象的数据类型（　　）。

(A) 只能是 0 或 1　　　　　(B) 只能是 0 或非 0 正数

(C) 只能是整型或字符型数据　　　　　(D) 可以是浮点型数据

【解析】逻辑运算符不但可以连接关系表达式，也可以连接整型、字符型、浮点型等类型的数据。

【答案】D

13. 已知 int a=1,b=2,c=3,d=4;，则条件表达式 a>b?a:c<d?c:d 的值为（　　）。
    （A）4　　　　　（B）3　　　　　（C）2　　　　　（D）1

【解析】因为条件运算符的结合方向是从右向左，先计算表达式 c<d?c:d，其值为 3，因此表达式 a>b?a:c<d?c:d 等价于表达式 a>b?a:3，所以，运算结果为 3。

【答案】B

14. 表达式 x+=x-=x=8 的值为（　　）。
    （A）7　　　　　（B）8　　　　　（C）9　　　　　（D）0

【解析】因为赋值运算符的结合方向是从右向左，先计算表达式 x=8，其值为 8，变量 x 的值也为 8；这样表达式 x-=x=8 等价于 x-=8，即 x=x-8，赋值表达式的值为 0，变量 x 的值也为 0；最后计算表达式 x+=x-=x=8，它等价于 x+=0，即 x=x+0，因此，整个表达式的值为 0。

【答案】D

15. 已知：int x=3,y=2,z=1;，以下赋值表达式中错误的是（　　）。
    （A）x=(y=4)=3;　　　　　　　（B）x=y=z+1;
    （C）x=(y=4)+z;　　　　　　　（D）x=1+(y=z=4);

【解析】赋值表达式的左侧必须是一个变量。A 选项中，对于表达式 (y=4)=3，因为 (y=4) 不是一个变量，所以不正确。

【答案】A

16. 以下程序段中，与语句 m=x>y?(y>z?1:0):0;功能相同的是（　　）。
    （A）if((x>y)&&(y>z)) m=1;　　　　（B）if((x>y)||(y>z)) m=1;
    　　　else m=0;　　　　　　　　　　else m=0;
    （C）if(x<=y) m=0;　　　　　　　　（D）if(x>y) m=1;
    　　　else if(y<=z) m=1;　　　　　　else if(y>z) m=1;
    　　　　　　　　　　　　　　　　　　else m=0

【解析】对于表达式 x>y?(y>z?1:0):0，只有当 x>y 时，其值为表达式 (y>z?1:0) 的值，而表达式 (y>z?1:0)，只有当 y>z 时，其值为 1。也就是说，只有当 x>y，并且 y>z 时，m 的值才为 1，其他情况下，m 的值都为 0，因此，A 选项正确。

【答案】A

17. 逗号表达式 "(a=3*5,a*6),a+15" 的值是（　　）。
    （A）15　　　　　（B）90　　　　　（C）30　　　　　（D）45

【解析】因为逗号表达式计算时是从左向右进行的，其值为逗号最右侧表达式的值。上式先计算 (a=3*5,a*6)，该式又是一个逗号表达式，其值为 90，变量 a 的值为 15，接着计算 a+15，得 30，因此，整个逗号表达式的值为 30。

【答案】C

18. 若 int a=9,b=4,c=3;，则表达式 a&&b+c||b-c 的值是（　　）。
    （A）1　　　　　（B）2　　　　　（C）3　　　　　（D）4

【解析】对于表达式 a&&b+c，它等价于 a&&7，其值为 1，又由于||运算符左侧的值为真，则表达式的值为真，因此，表达式 a&&b+c||b-c 的值是 1。

【答案】A

19. 以下程序的输出结果是（   ）。

```
1  #include <stdio.h>
2  void main()
3  {
4      int a=1,b=2,c=3;
5      if(a++==1 && (++b==3||c++==3))
6          printf("%d %d %d\n",a,b,c);
7  }
```

(A) 1 2 3　　　(B) 2 2 3　　　(C) 2 3 3　　　(D) 2 3 4

【解析】对于条件(a++==1 && (++b==3||c++==3))，其计算过程如下：① 计算 a++==1，表达式 a++的值为 1，而 1==1 的值为真，执行 a++后 a 的值变为 2；② 计算++b==3，执行++b 后 b 的值变为 3，表达式++b 的值为 3，而 3==3 的值为真。如果"||"左端的计算结果为 1，则右端不再计算，这样 c++没有被执行。因此，输出结果为 2 3 3。

【答案】C

20. 以下程序的输出结果是（   ）。

```
1   #include <stdio.h>
2   void main()
3   {
4       int a=6,b=0;
5       if(a==6)
6           a=a+2;
7           b=b+2;
8       else
9           a=a+3;
10          b=b+3;
11      printf("%d,%d\n",a,b);
12  }
```

(A) 6,6　　　(B) 8,8　　　(C) 11,11　　　(D) 语法错误

【解析】由于 if 下面的两条语句未加花括号，这样 if(a==6) a=a+2;将是一条独立的语句，后面的 else 部分找不到对应的 if 部分，因此，有语法错误。

【答案】D

21. 已知 0、A 和 a 的 ASCII 码值分别是 48、65 和 97，下列表达式中，能判断字符变量 c 的值不是数字和字母的是（   ）。

(A) c<=48||c>=57&&c<=65||c>=90&&c<=97||c=122

(B) !(c<=48||c>=57&&c<=65||c>=90&&c<=97||c=122)

(C) c>=48&&c<=57||c>=65&&c<=90||c>=97&&c<=122

(D) !(c>=48&&c<=57||c>=65&&c<=90||c>=97&&c<=122)

【解析】48 和 57 是数字 0 和数字 9 的 ASCII 码值，65 和 90 是大写字母 A 和 Z 的 ASCII 码值，97 和 122 是小写字母 a 和 z 的 ASCII 码值，D 选项中的表达式(c>=48&&c<=57||c>=65&&c<=90||c>=97&&c<=122)表示 c 的值为数字、大写字母或小写字母，取反后则表示其不为数字和字母，因此，D 选项正确。

【答案】D

22．以下程序的输出结果是（　　）。

```
1   #include <stdio.h>
2   #include <math.h>
3   void main()
4   {
5       int a,b,c,d;
6       a=b=c=0;
7       d=30;
8       if(!a)
9           d--;
10      else if(b);
11      if(c)d=3;
12      else d=4;
13      printf("%d\n",d);
14  }
```

(A) 3　　　　　　(B) 4　　　　　　(C) 29　　　　　　(D) 30

【解析】执行第一条 if 语句时，由于条件(!a)为真，运行程序后，d 的值变为 29，接着执行 if(c)d=3; else d=4;，由于条件(c)为假，d 被赋值为 4，所以，B 选项正确。

【答案】B

23．若以下变量均已正确定义并赋值，则正确的赋值语句是（　　）。

(A) x=y==5;　　　　　　　　(B) x=n%2.5;

(C) x+n=i;　　　　　　　　(D) x=5=4+1;

【解析】选项 B 中取余的两个操作数都应为整数，不能为实型变量，错误；C 选项中赋值号左侧不是一个变量，而是一个表达式，错误；D 选项中表达式 5=4+1 的赋值号左侧不是一个变量，错误。

【答案】A

24．以下程序的运行结果是（　　）。

```
1   #include <stdio.h>
2   void main()
3   {
4       int k=10;
5       switch(k+1)
```

```
6        {
7            case 10: k++;break;
8            case 11: ++k;
9            case 12: ++k;break;
10           default:k=k+1;
11       }
12       printf("%d\n",k);
13   }
```

　　（A）11　　　　（B）13　　　　（C）12　　　　（D）14

【解析】表达式 k+1 的值为 11（但 k 的值仍为 10），满足 case 11 分支，执行++k，因其后无 break 语句，继续执行 case 12 分支中的++k。因此，k 的值为 12。

【答案】C

25．当输入的数据在哪个范围时，以下程序才会有输出结果（　　）。

```
1    #include <stdio.h>
2    void main()
3    {
4        int  x;
5        scanf("%d",&x);
6        if(x<=1);
7        else
8            if(x!=5) printf("%d\n",x);
9    }
```

　　（A）不等于 5 的整数　　　　　　（B）大于 1 且不等于 5 的整数
　　（C）大于 1 或等于 5 的整数　　　（D）小于 1 的整数

【解析】只有当 x 大于 1 时才会执行 else 部分，另外 x 必须不等于 5，才会执行打印语句，所以 x 必须大于 1 且不等于 5。

【答案】B

26．设有定义：int i=0;，以下选项的 4 个表达式中与其他 3 个表达式的值不相同的是（　　）。
　　（A）i++　　　（B）i+=1　　　（C）++i　　　（D）i+1

【解析】A 选项中的表达式 i++的值为 0，其他选项表达式的值都为 1。

【答案】A

27．对于条件表达式(exp)?i:j，下列表达式中与(exp)等价的是（　　）。
　　（A）(exp==0)　　　　　　　（B）(exp!=0)
　　（C）(exp==1)　　　　　　　（D）(exp!=1)

【解析】对于条件表达式(exp)?i:j 来说，只要 exp 为非 0，就表示条件为真，整个条件表达式的值就是 i；B 选项中，(exp!=0)正好表示：只要 exp 为非 0，条件(exp!=0)就为真，所以 B 选项正确。C 选项之所以错误，是因为当 exp 为 2 时，(exp)为真，而(exp==1)为假。

【答案】B

28．与 if(x==1) x=y; else x++;语句功能不同的 switch 语句是（　　）。

（A）switch(x)
  { case 1:x=y;break;
   default:x++;
  }

（B）switch(x)
  { default:x++;break;
   case 1:x=y;
  }

（C）switch(x==1)
  { case 0:x=y;break;
   case 1:x++;
  }

（D）switch(x==1)
  { case 1:x=y;break;
   case 0:x++;
  }

【解析】C选项中，当x的值为1时，表达式x==1的值为真，即为1，这样会执行case 1分支中的x++;语句，与题目中if语句的功能不同。

【答案】C

29. 如果通过键盘输入7，则下面程序的输出结果是（　　）。

```
1   #include <stdio.h>
2   void main()
3   {
4       int x ;
5       scanf("%d",&x);
6       if(x--<7)
7           printf("%d\n",x);
8       else
9           printf("%d\n",x++);
10  }
```

（A）3　　　（B）4　　　（C）5　　　（D）6

【解析】对于条件语句(x--<7)，由于表达式x--的值为7，7<7不成立，所以执行else部分的语句，同时执行x--后，x的值减1变成了6；执行printf("%d\n",x++);语句时，表达式x++的值为6。因此，输出结果为6。

【答案】D

30. 下面程序运行后的输出结果是（　　）。

```
1   #include <stdio.h>
2   void main()
3   {
4       int c,a=1,b=1;
5       c=a++||b++;
6       printf("%d %d %d \n",a,b,c);
7   }
```

（A）0 0 1　　　（B）2 1 1　　　（C）0 1 1　　　（D）1 1 0

【解析】先计算||运算符左侧的a++，表达式a++的值为1，执行a++后a的值变为2；由于||运算符左侧的值为真，右侧便不再被计算，这样b++没有被执行，b的值仍为1；表达式a++||b++的值为真，即为1，c被赋值为1。因此，输出结果为2 1 1。

【答案】B

二、填空题

1. 以下程序运行后的输出结果是_____。

```
1  #include <stdio.h>
2  void main()
3  {
4      int a=1,b=3,c=5;
5      if(c=a+b)
6          printf("yes\n");
7      else
8          printf("no\n");
9  }
```

【解析】因为 c=a+b 是一个赋值表达式，其值为变量 c 的值，即为 4，所以 if(c=a+b)等价于 if(4)，表示条件成立，所以执行 printf("yes\n");语句。

【答案】yes

2. 以下程序运行后的输出结果是_____。

```
1  #include <stdio.h>
2  void main()
3  {
4      int i=0,j=0,k=6;
5      if(i>0||j>=0)
6          j=k++;
7      printf("%d,%d,%d\n",i,j,k);
8  }
```

【解析】表达式 k++的值为 6，将其赋给 j，所以 j 的值为 6，执行 k++后 k 的值加 1 变成了 7。

【答案】0,6,7

3. 以下程序运行后的输出结果是_____。

```
1  #include <stdio.h>
2  void main()
3  {
4      int n=0,m=1,x=2;
5      if(!n) x=-1;
6      if(m) x=x+1;
7      if(x) x=-3;
8      printf("%d\n",x);
9  }
```

【解析】执行第一条 if 语句时，因为!n 为真，所以 x 的值为-1；执行第二条 if 语句后，x 的值为 0；第三条 if 语句的条件为假，不执行 x=-3;语句。

【答案】0

4. 以下程序运行后的输出结果是_____。

```
1   #include <stdio.h>
2   void main()
3   {
4     char n='c';
5     switch(n)
6     {
7       case 'a':
8       case 'b':printf("you");break;
9       case 'c':printf("pass");
10      case 'd':printf("test");
11      default:printf("error");break;
12    }
13  }
```

【答案】passtesterror

5. 以下程序运行后的输出结果是_____。

```
1   #include <stdio.h>
2   void main()
3   {
4     int a;
5     a=(int)((double)(3/2)+0.5+(int)1.2*2);
6     printf("%d\n",a);
7   }
```

【解析】运算过程是：计算 3/2，值为 1，强制转换为 double 类型，即 1.0；将 1.2 强制转换为 int 型，值为 1，1*2 为 2，1.0+0.5+2 得到 3.5，最后将 3.5 强制转换为整型，得到 3，并赋给变量 a。

【答案】3

6. 有以下程序：

```
1   #include <stdio.h>
2   void main()
3   {
4     int x;
5     scanf("%d",&x);
6     if(x>13) printf("%d",x-9);
7     if(x>10) printf("%d",x);
8     if(x>5) printf("%d\n",x+8);
9   }
```

若程序运行时从键盘输入 11↵，则输出结果为_____。

【解析】3 条 if 语句都为单分支语句，x 的值为 11 时，满足条件 x>10，输出 x 的值 11，又由于 x>5 成立，继续执行 printf("%d\n",x+8);输出 19。

【答案】1119

7. 以下程序运行后的输出结果是_____。

1	`#include <stdio.h>`
2	`void main()`
3	`{`
4	`    int a=10,b=15,t=0;`
5	`    if(a==b)t=a;a=b;b=t;`
6	`    printf("%d %d\n",a,b);`
7	`}`

【解析】上述程序中，if(a==b)t=a;构成一条 if 语句。由于 a==b 条件不满足，语句 t=a;不执行；程序接着执行 a=b;b=t;这两条语句，执行后 a 的值为 15，b 的值为 0。

【答案】15 0

8. 以下程序运行后的输出结果是_____。

1	`#include <stdio.h>`
2	`void main()`
3	`{`
4	`    int x=1,y=2,z=3,k=0;`
5	`    if(x==1)`
6	`    if(y!=2)`
7	`    if(z==3) k=1;`
8	`    else k=2;`
9	`    else if(z!=3) k=3;`
10	`    else k=4;`
11	`    else k=5;`
12	`    printf("%d\n",k);`
13	`}`

【解析】else 总是和与之最近的没有配对的 if 进行配对，上述程序中 if 语句的嵌套关系如下：

1	`if(x==1)`
2	`  if(y!=2)`
3	`  {`
4	`    if(z==3) k=1;`
5	`    else k=2;`
6	`  }`
7	`  else`
8	`  {`
9	`    if(z!=3) k=3;`
10	`    else k=4;`
11	`  }`
12	`else`
13	`  k=5;`

【答案】4

9. 以下程序的功能是：将 3 位正整数按照个位、十位、百位的顺序拆分后输出。请将程序补充完整。

```
1  #include <stdio.h>
2  void main()
3  {
4      int a=512;
5      printf("%d %d %d\n", _____ ,a/10%10,a/100);
6  }
```

【解析】a 除以 10 取余，余数就是 a 个位上的数。

【答案】a%10

10. 以下程序的功能是：输出 3 个变量中的最小值。请将程序补充完整。

```
1  #include <stdio.h>
2  void main()
3  {
4      int a,b,c,t,min;
5      scanf("%d%d%d",&a,&b,&c);
6      t=  1  ?a:b;
7      min=  2  ?t:c;
8      printf("%d\n", min);
9  }
```

【答案】1. a<b   2. t<c

11. 已知 int i;，则表达式"i=2,++i,i++"的值为_____。

【解析】表达式"i=2,++i,i++"是一个逗号表达式，逗号表达式的值为最后一个表达式 i++ 的值。计算顺序是：先计算 i=2，i 的值为 2，然后计算++i，i 的值为 3，最后计算 i++，表达式 i++的值为 3。因此，整个表达式的值为 3。

【答案】3

12. 以下程序的运行结果是_____。

```
1  #include <stdio.h>
2  void main()
3  {
4      int a=10;
5      a=(2*3,a+4);
6      printf("%d\n",a);
7  }
```

【解析】逗号表达式(2*3,a+4)的值为表达式 a+4 的值，等于 14，将 14 赋给变量 a，a 的值为 14。

【答案】14

13. 以下程序的运行结果是_____。

```
1   #include <stdio.h>
2   void main()
3   {
4       int x=1,y=2,z=3;
5       switch(x>0)
6       {
7           case 1:switch(y<0)
8               {
9                   case 1:printf("?");break;
10                  case 2: printf("%"); break;
11              }
12          case 0: switch(z==3)
13              {
14                  case 0: printf("+"); break;
15                  case 1: printf("#"); break;
16                  case 2: printf("$"); break;
17              }
18          default: printf("&");
19      }
20  }
```

【解析】这是一个 switch 嵌套语句。表达式 x>0 的值为 1，执行 case 1:switch(y<0)分支，表达式 y<0 的值为 0，没有匹配的 case 分支；由于 case 1:switch(y<0)分支执行完后，由于没有碰到 break 语句，接着执行 case 0: switch(z==3)分支，表达式 z==3 的值为 1，执行语句 printf("#");break;，打印出#；case 0: switch(z==3)分支执行完后，由于没有碰到 break 语句，接着执行 default: printf("&");，打印出&。

【答案】#&

三、编程题

1. 从键盘输入年份和月份，输出该月有多少天。说明：1、3、5、7、8、10、12 月是 31 天，4、6、9、11 月是 30 天，闰年的 2 月是 29 天，否则 2 月是 28 天。判断闰年的条件是符合下面两条之一：① 能被 4 整除，但不能被 100 整除；② 能被 400 整除。

【程序代码】

```
1   #include <stdio.h>
2   void main()
3   {
4       int year,month,day;
5       printf("请输入年份和月份:\n");
6       scanf("%d%d",&year,&month);
7       switch(month)
8       {
9           case 1:
```

10	`    case 3:`
11	`    case 5:`
12	`    case 7:`
13	`    case 8:`
14	`    case 10:`
15	`    case 12:day=31;break;`
16	`    case 4:`
17	`    case 6:`
18	`    case 9:`
19	`    case 11:day=30;break;`
20	`    case 2:if((year%400==0)||(year%4==0&&year%100!=0))`
21	`            day=29;`
22	`        else`
23	`            day=28;`
24	`        break;`
25	`    default:printf("月份数据错误! \n");`
26	`    }`
27	`    printf("%d年%d月有%d天\n",year,month,day);`
28	`}`

2. 从键盘输入成绩的等级，输出对应的百分制分数段。成绩的等级与百分制分数段之间的对应关系如下：A（或 a）等级为 85 分以上，B（或 b）等级为 70～84 分，C（或 c）等级为 60～69 分，D（或 d）等级为 60 分以下。要求分别采用多分支 if 语句和 switch 语句编程，并且当输入的数据不正确时，程序能输出错误提示信息。

【程序代码】（多分支 if 语句）

1	`#include <stdio.h>`	//注明输入输出函数使用的头文件
2	`void main()`	//定义主函数
3	`{`	
4	`    char score;`	
5	`    printf("请输入分数等级:");`	//屏幕提示
6	`    scanf("%c",&score);`	//输入分数等级
7	`    if(score=='a'||score=='A')`	
8	`        printf("分数在85分以上\n");`	//A 或 a 就输出 85 分以上
9	`    else if(score=='b'||score=='B')`	
10	`        printf("分数在70～84分\n");`	//B 或 b 就输出 70～84 分
11	`    else if(score=='c'||score=='C')`	
12	`        printf("分数在60～69分\n");`	//C 或 c 就输出 60～69 分
13	`    else if(score=='d'||score=='D')`	
14	`        printf("分数在60分以下\n");`	//D 或 d 就输出 60 分以下
15	`    else`	
16	`        printf("输入分数等级不正确!");`	//若成绩等级不正确则报错
17	`}`	

【程序代码】（switch 语句）

```
1   #include <stdio.h>                    //注明输入输出函数使用的头文件
2   void main()                           //定义主函数
3   {
4       char score;
5       printf("请输入分数等级:");         //屏幕提示
6       scanf("%c",&score);               //输入分数等级
7       switch(score)
8       {
9           case 'a':
10          case 'A':printf("分数在 85 分以上\n");break;
11          case 'b':
12          case 'B':printf("分数在 70~84 分\n");break;
13          case 'c':
14          case 'C':printf("分数在 60~69 分\n");break;
15          case 'd':
16          case 'D':printf("分数在 60 分以下\n");break;
17          default:printf("输入分数等级不正确!");   //若成绩等级不正确则报错
18      }
19  }
```

3．从键盘输入一个不超过 4 位的正整数，求出它是几位数，并逆序输出各位数字。如原数为 5678，则输出 8765。

【程序代码】

```
1   #include <stdio.h>
2   void main()
3   {
4       int x;
5       scanf("%d",&x);
6       if (x<0 || x>9999)
7           printf("输入数据不正确!\n");
8       else if (x<10)
9           printf("%d 是一位数",x);
10      else if(x<100)
11          printf("%d 是二位数,逆序为%d%d",x,x%10,x/10);
12      else if (x<1000)
13          printf("%d 是 3 位数,逆序为%d%d%d",x,x%10,x/10%10,x/100);
14      else if (x<10000)
15          printf("%d是四位数,逆序为%d%d%d%d",x,x%10,x/10%10,x/100%10,x/1000);
16  }
```

第4章 循环结构程序设计

4.1 课后习题解答

一、单项选择题

1. 以下程序的执行结果是（　　）。

```
1   #include <stdio.h>
2   void main()
3   {
4       int n=9;
5       while(n>6)
6       {
7           n--;
8           printf("%d",n);
9       }
10  }
```

　　（A）987　　　　　（B）876　　　　　（C）8765　　　　　（D）9876

【答案】B

2. 下面叙述中，正确的是（　　）。
   （A）do-while 语句构成的循环不能用其他循环语句替代
   （B）do-while 语句构成的循环只能用 break 语句退出
   （C）do-while 语句构成的循环，当条件表达式的值为 0 时退出循环
   （D）do-while 语句构成的循环，当条件表达式的值为非 0 时退出循环

【答案】C

3. 下面有关 for 循环的描述中，正确的是（　　）。
   （A）for 循环只能用于循环次数已经确定的情况
   （B）for 循环是先执行循环体语句，后判断条件表达式
   （C）for 循环中，不能用 break 语句跳出循环体
   （D）for 循环的循环体可以包含多条语句，但必须用花括号括起来

【答案】D

4. for(表达式 1;;表达式 3)可理解为（　　）。
   （A）for(表达式 1;0;表达式 3)
   （B）for(表达式 1;1;表达式 3)
   （C）for(表达式 1;表达式 1;表达式 3)
   （D）for(表达式 1;表达式 3;表达式 3)

【解析】在 for 循环中，如果省略条件表达式，则默认条件为真，程序将一直执行下去，除非遇到 break 语句，因此 B 选项正确。

【答案】B

5. 以下描述中，正确的是（　　）。
   （A）continue 语句的作用是结束整个循环的执行
   （B）只能在 switch 语句体内使用 break 语句
   （C）在循环体内使用 break 和 continue 语句的作用相同
   （D）只能在循环体内和 switch 语句体内使用 break 语句

【答案】D

6. 若 int x=-1;，则 while(!x) x=x+10;语句中循环体的执行次数为（　　）。
   （A）1　　　　　（B）0　　　　　（C）无数次　　　　　（D）2

【解析】x=-1 为非零值，即为逻辑真，则!x 为 0，所以 while 语句条件不成立，循环体一次也不执行。

【答案】B

7. 对于以下程序段的叙述中，正确的是（　　）。

```
1  int x=-1;
2  do
3  {
4      x=x*x;
5  }while(!x);
```

   （A）是死循环　　　　　　　　（B）循环体执行两次
   （C）循环体执行一次　　　　　（D）有语法错误

【解析】x=-1，执行 x=x*x;语句后，x 的值为 1，这样!x 为 0，条件不成立，退出循环，因此，循环只执行了一次。

【答案】C

8. 以下程序中，while 循环的执行次数是（　　）。

```
1  #include <stdio.h>
2  void main()
3  {
4      int i=0;
5      while(i<9)
6      {
7          if(i<1) continue;
8          if(i==4) break;
```

```
9         i++;
10      }
11   }
```

（A）2　　　　　（B）3　　　　　（C）8　　　　　（D）死循环

【解析】 变量 i 的初值为 0，循环条件 i<9 成立，执行循环体；由于 i<1，执行 continue;语句，将跳过循环体下面的语句，直接进入下一次循环；变量 i 的值仍为 0，循环条件 i<9 成立，执行循环体……由于变量 i 的值始终得不到更新，因此，陷入死循环。

【答案】 D

9. 下面程序的运行结果是（　　）。

```
1    #include <stdio.h>
2    void main()
3    {
4       int x=56;
5       do
6       {
7          printf("%d",x--);
8       }while(!x);
9    }
```

（A）55　　　　　　　　　　　　（B）56
（C）不输出任何内容　　　　　　（D）陷入死循环

【解析】 执行循环体时，打印语句中表达式 x-- 的值为 56，所以打印 56。执行打印语句后，x 的值变为 55；接着判断循环条件，由于 x 的值为 55，!x 为 0，循环条件不成立，退出循环。

【答案】 B

10. 下面程序的运行结果是（　　）。

```
1    #include <stdio.h>
2    void main()
3    {
4       int k=0;
5       while(k<=2)
6       {
7          k++;
8          printf("%d\n",k);
9       }
10   }
```

（A）1　　　　（B）1　　　　（C）1　　　　（D）1
　　2　　　　　　2　　　　　　2
　　3　　　　　　3
　　4

【答案】 B

11. 下面程序段的内循环体要执行的次数是（　　）。

```
1  for(i=5;i>0;i--)
2      for(j=0;j<4;j++)
3          {…}
```

（A）15　　　　（B）16　　　　（C）20　　　　（D）25

【解析】外循环 for(i=5;i>0;i--)要执行 5 次（5～1），内循环 for(j=0;j<4;j++)要执行 4 次（0～3），因此，内循环体总共要执行 20 次。

【答案】C

12. 下面程序的运行结果是（　　）。

```
1  #include <stdio.h>
2  void main()
3  {
4      int i,sum;
5      for(i=1;i<5;i++)
6          sum+=i;
7      printf("%d\n",sum);
8  }
```

（A）15　　　　（B）14　　　　（C）不确定　　　　（D）0

【解析】由于变量 sum 没有赋初值，其初值不能确定。

【答案】C

13. 以下能正确计算 10!的程序段是（　　）。

（A）do {i=1;s=1;s=s*i;i++;} while(i<=10); printf("%d",s);

（B）do {i=1;s=0;s=s*i;i++;} while(i<=10); printf("%d",s);

（C）i=1;s=1;do {s=s*i;i++;} while(i<=10); printf("%d",s);

（D）i=1;s=0;do {s=s*i;i++;} while(i<=10); printf("%d",s);

【答案】C

14. 下列语句中，能正确输出 26 个英文字母的是（　　）。

（A）char a;　　for(a='a';a<='z';)　　　printf("%c",++a);

（B）char a;　　for(a='a';a<='z';)　　　printf("%c",a);

（C）char a;　　for(a='a';a<='z';)　　　printf("%c",a++);

（D）char a;　　for(a='a';a<='z';printf("%c",a));

【解析】A 选项中，表达式++a 的值为变量 a 加 1 后的值，这样将从字母 b 开始输出。B 选项中，循环控制变量 a 没有更新，将陷入死循环。C 选项中，表达式 a++的值为变量 a 加 1 前的值，这样先输出字母 a，然后变量 a 加 1，再输出字母 b……直至输出字母 z，因此，C 选项正确；D 选项的循环体为空语句，D 选项中，循环控制变量 a 没有更新，也会陷入死循环。

【答案】C

15. 以下描述中，正确的是（　　）。

（A）do-while 循环中，循环体内不能使用复合语句

(B) do-while 循环由 do 开始,至 while 结束,在 while(表达式)后面不能写分号

(C) 在 do-while 循环中,循环体至少执行一次

(D) 在 do-while 循环中,根据情况可以省略 while

【答案】C

16. 已知:

1	int t=0;
2	while(t=1)
3	{…}

则以下叙述正确的是( )。

(A) 循环控制表达式的值为 0,不执行循环体

(B) 循环控制表达式的值为 1,执行循环体

(C) 循环控制表达式不合法

(D) 以上说法都不正确

【解析】t=1 是一个赋值表达式,赋值表达式的值为赋值后运算符左侧变量的值,所以循环控制表达式的值为 1,执行循环体。

【答案】B

17. 语句 while(!E){…}中的表达式!E 等价于( )。

(A) E==0   (B) E!=1   (C) E!=0   (D) E==1

【解析】因为 E 为 0 时,!E 为真,表示条件成立,执行循环体。而当 E 为 0 时,E==0 也为真,也表示条件成立,执行循环体,因此,A 选项正确。

【答案】A

18. 下面程序的运行结果是( )。

```
1  #include <stdio.h>
2  void main()
3  {
4      int n=0;
5      while(n++<=2);
6      printf("%d\n",n);
7  }
```

(A) 2   (B) 3   (C) 4   (D) 有语法错误

【解析】在条件表达式(n++<=2)中,执行 n++后一定会使 n 的值加 1,但表达式 n++的值为变量 n 加 1 之前的值,这样执行时,是先取 n 的值参与条件判断,然后 n 再加 1;如果条件判断成立,则执行循环体。上述循环语句的执行过程如下:① 由于 n 为 0,循环条件成立(判断条件后 n 加 1 变为 1),执行循环体(即空语句);② 由于 n 为 1,循环条件成立(判断条件后 n 加 1 变为 2),执行循环体;③ 由于 n 为 2,循环条件成立(判断条件后 n 加 1 变为 3),执行循环体;④ 由于 n 为 3,循环条件不成立(判断条件后 n 加 1 变为 4),退出循环。因此,打印结果为 4。

【答案】C

19. 下面程序的运行结果是（　　）。

```
#include <stdio.h>
void main()
{
    int i;
    for(i=2;i==0;)
        printf("%d",i--);
}
```

　　（A）0　　　　　　（B）1　　　　　　（C）2　　　　　　（D）无输出

【解析】 因为循环语句的执行过程如下：① 执行赋初值语句 i=2;，变量 i 的值为 2；② 判断循环条件 i==0，条件不成立，退出循环，因此无输出。

【答案】 D

20. 在以下程序段中，do-while 循环的结束条件是（　　）。

```
int n=0,a;
do
{
    scanf("%d", &a);
    n++;
}while(a!=20 && n<10);
```

　　（A）a 的值不等于 20，并且 n 的值小于 10
　　（B）a 的值等于 20，并且 n 的值大于或等于 10
　　（C）a 的值不等于 20，或者 n 的值小于 10
　　（D）a 的值等于 20，或者 n 的值大于或等于 10

【解析】 当条件表达式(a!=20 && n<10)的值为假时，循环结束。这样要求表达式(a!=20)为假（即 a 的值等于 20）或者表达式(n<10)为假（即 n 的值大于等于 10）。因此，D 选项正确。

【答案】 D

21. 已知：

```
struct person
{
    char name[10];
    int age;
}classes[10]={{"LiMing",29},{"ZhangHong",21},{"WangFang",22}};
```

则 classes[0].age+classes[1].age+classes[2].age 的值是（　　）。
　　（A）29　　　　　　（B）21　　　　　　（C）22　　　　　　（D）72

【解析】 结构体数组初始化时，"LiMing"和 29 被分别赋给 classes[0]的两个结构体成员 name 和 age，这样 classes[0].age 为 29，同理，classes[1].age 为 21，classes[2].age 为 22。因此，classes[0].age + classes[1].age + classes[2].age 的值是 72。

【答案】 D

二、编程题

1. 编程实现从键盘输入 k，求 $1^2+2^2+3^2+\cdots+k^2$。

【程序代码】

```
1   #include <stdio.h>
2   void main()
3   {
4       int sum=0,k,i;
5       printf("请输入k: ");
6       scanf("%d", &k);
7       for (i=1;i<=k;i++)
8           sum=sum+i*i;
9       printf("sum=%d\n",sum);
10  }
```

2. 编程输出 1~200 所有能被 3 整除且个位数为 6 的整数。

【程序代码】

```
1   #include <stdio.h>
2   void main()
3   {
4       int i;
5       for (i=1;i<=200;i++)
6       {
7           if((i%3==0) && (i%10==6))
8               printf("%d ",i);
9       }
10  }
```

3. 编程从键盘输入 k 的值及 k 个整数，统计其中正数、零和负数的个数。

【程序代码】

```
1   #include <stdio.h>
2   void main()
3   {
4       int a=0,b=0,c=0,k,num,i;//a、b、c分别表示正数、零和负数的个数
5       printf("请输入k: ");
6       scanf("%d", &k);
7       for (i=1;i<=k;i++)
8       {
9           printf("请输入第%d个数: ",i);
10          scanf("%d", &num);
11          if(num>0)
12              a++;
```

13	else if(num==0)
14	b++;
15	else
16	c++;
17	}
18	printf("正数：%d 个，零：%d 个，负数：%d 个\n",a,b,c);
19	}

4. 编程求 $1-\dfrac{1}{2}+\dfrac{1}{3}-\dfrac{1}{4}+\cdots+\dfrac{1}{99}-\dfrac{1}{100}$。

编程思路：由于算式中各项正负交替，因此，设置一个表示符号位的变量 sign，并在循环体中每次将其与-1 相乘，这样使得其值在+1 和-1 之间交替变换。

【程序代码】

1	#include <stdio.h>
2	void main()
3	{
4	int i,sign=1;
5	double sum=0;
6	for(i=1;i<=100;i++)
7	{
8	sum=sum+sign*1.0/i;
9	sign=-sign;
10	}
11	printf("%lf\n ",sum);
12	}

5. 编程求 e=1+1/1!+1/2!+1/3!+…+1/n!，直到第 10 项为止。

【程序代码】

1	#include <stdio.h>
2	void main()
3	{
4	int i=1;
5	float s=1.0,e=1.0; //s 为分母
6	for(i=1;i<=10;i++)
7	{
8	s=s*i; //每一项的分母
9	e=e+1/s; //累加
10	}
11	printf("%f",e);
12	}

6. 编程求 e=1+1/1!+1/2!+1/3!+…+1/n!，直到最后一项小于 10^{-5}（含该项）为止。

【程序代码】

```
1    #include "stdio.h"
2    void main()
3    {
4        int i=1;
5        double s=1,e=1;              //s 为分母
6        while(1/s>=1e-5)             //最后一项大于等于 $10^{-5}$，执行循环体
7        {
8            s=s*i;                   //计算每一项的分母
9            e=e+1/s;                 //累加
10           i++;
11       }
12       printf("e=%lf\n",e);
13   }
```

7. 输入两个正整数 m 和 n，编程求其最小公倍数。

方法一，编程思路：最小公倍数肯定是 m 和 n 的整数倍，先设变量 k=m，当 k 不能够被 m 或 n 整除时，就将 k 加 1，直至 k 能够被 m 和 n 整除为止，此时，k 即为最小公倍数。

【程序代码】

```
1    #include <stdio.h>
2    void main()
3    {
4        int m,n,k;
5        printf("请输入2个整数:");
6        scanf("%d%d",&m,&n);
7        k=m;                         //k 存放最小公倍数
8        while(k%m!=0 || k%n!=0)
9            k++;
10       printf("%d",k);
11   }
```

方法二，编程思路：与方法一相似，但在循环体中进行条件判断，找到最小公倍数时，用 break 语句跳出循环。

【程序代码】

```
1    #include <stdio.h>
2    void main()
3    {
4        int m,n,k;
5        printf("请输入2个整数:");
6        scanf("%d%d",&m,&n);
7        k=m;                         //k 存放最小公倍数
8        while(1)
```

```
9          {
10             if(k%m==0 && k%n==0)
11                break;                //找到k,能整除m与n,k为最小公倍数
12             k++;
13         }
14         printf("%d",k);
15     }
```

方法三，编程思路：最小公倍数肯定是 m 和 n 的整数倍，先使 m>n，并设变量 k=m，再将 k 每次增加 m，当 k 能够被 n 整除时，k 即为最小公倍数。该方法循环执行的次数最少，程序的效率最高。

【程序代码】

```
1    #include <stdio.h>
2    void main()
3    {
4        int m,n,k,t;
5        printf("请输入2个整数:");
6        scanf("%d%d",&m,&n);
7        if(m<n)                       //使m存放较大数,n存放较小数
8        {
9            t=m;
10           m=n;
11           n=t;
12       }
13       k=m;                          //k是m的1倍
14       while(k%n!=0)
15       {
16           k=k+m;                    //每次增加一倍,当能够被n整除时,当前k即为最小公倍数
17       }
18       printf("k=%d\n",k);
19   }
```

8. 从键盘输入若干个学生的成绩（学生人数未知），输入负数时表示输入结束，编程求所有学生的最高分。

【程序代码】

```
1    #include <stdio.h>
2    void main()
3    {
4        int i=0,score,max=0;
5        do{
6            printf("请输入第%d个学生的成绩：",i+1);
7            scanf("%d",&score);
```

```
8            if(score>max)
9                max=score;
10           i++;
11       }while(score>=0);
12       printf("最高分为：%d\n",max);
13   }
```

9. 编程输出方程 $x^2+y^2=1989$ 的所有正整数解。

编程思路：因为 $50^2>1989$，所以 x 和 y 的值一定小于 50，可以采用穷举法来实现。

【程序代码】

```
1    #include"stdio.h"
2    void main()
3    {
4        int x,y;
5        for(x=0;x<=50;x++)
6        {
7            for(y=0;y<=50;y++)
8            {
9                if(x*x+y*y==1989)
10                   printf("%d*%d+%d*%d=%d\n",x,x,y,y,1989);
11           }
12       }
13   }
```

10. 编写程序，从键盘输入一个正整数 n，计算 2～n 的所有的素数之和。

【程序代码】

```
1    #include <stdio.h>
2    #include <math.h>
3    void main()
4    {
5        int i,n,k,sum=0,j;
6        printf("请输入一个正整数n:");
7        scanf("%d",&n);
8        for(j=2;j<=n;j++)            //外循环用于检测2～n的所有的数
9        {
10           k=sqrt((double)j);
11           for(i=2;i<=k;i++)         //内循环用于判断一个数j是否为素数
12               if(j%i==0) break;
13           if(i>k)                   //是素数，求和
14               sum=sum+j;
15       }
16       printf("所有的素数之和为：%d\n",sum);
17   }
```

11. 如果一个数恰好等于除它本身外的所有因子之和，则这个数就称为完数。例如，6 的因子是 1、2、3，且 6=1+2+3，所以 6 是完数。试求 1 000 以内所有的完数并输出。

【程序代码】

```
1   #include <stdio.h>
2   void main()
3   {
4       int n=1000;
5       int r,j,i;
6       for(i=1;i<n;i++)              //外循环用于检测 1～n 的所有的数
7       {
8           r=0;
9           for(j=1;j<i;j++)          //求所有因子之和
10              if(i%j==0)
11                  r=r+j;
12          if(r==i)                  //当前 i 值是完数
13              printf("%d ",i);
14      }
15  }
```

12. 编程求 1+(1+2)+(1+2+3)+…+(1+2+3+…+n)，其中，n 从键盘输入。

方法一，编程思路：上面的算式中，第 i 项为（1+2+3+…+i），是一个累加求和的式子，可以通过一个单重循环来实现；另外，将从 1 到 n 的每一项相加，又可以通过一个循环来实现，因此，整个程序可以采用一个二重循环来实现。

【程序代码】

```
1   #include <stdio.h>
2   void main(void)
3   {
4       int n,sum=0,t,i,j;            //t 表示每一项，sum 表示总和
5       printf("请输入 n: ");
6       scanf("%d",&n);
7       for (i=1;i<=n;i++)
8       {
9           t=0;
10          for(j=1;j<=i;j++)          //计算每一项
11              t=t+j;
12          sum=sum+t;                 //累加求总和
13      }
14      printf("sum=%d\n",sum);
15  }
```

方法二，编程思路：可以在计算每一项的值时，将其进行累加，因此，也可以采用一个单重循环来实现。

【程序代码】

```
1    #include <stdio.h>
2    void main(void)
3    {
4        int n,sum=0,t=0,i;        //t 表示每一项, sum 表示总和
5        printf("请输入 n: ");
6        scanf("%d",&n);
7        for(i=1;i<=n;i++)
8        {
9            t=t+i;                //计算每一项
10           sum=sum+t;            //累加求总和
11       }
12       printf("sum=%d\n",sum);
13   }
```

13. 有 36 块砖，由 36 人搬；男人一次搬 4 块，女人一次搬 3 块，两个小孩抬 1 块，要求一次刚好全部搬完。问男人、女人、小孩各多少？

编程思路：根据题意，男人少于 9 人（因为 9 个男人能将砖全部搬完），女人少于 12 人（因为 12 个女人能将砖全部搬完），可以采用穷举法来实现。

【程序代码】

```
1    #include <stdio.h>
2    void main(void)
3    {
4        int men,women,children;
5        for(men=0;men<9;men++)
6        {
7            for(women=0;women<12;women++)
8            {
9                children=36-women-men;
10               if((4*men+3*women+children/2==36) && children%2==0)
11               {
12                   printf("男人：%d",men);
13                   printf("\t女人：%d",women);
14                   printf("\t小孩：%d\n",children);
15               }
16           }
17       }
18   }
```

14. 猴子第一天摘下若干个桃子，当即吃了一半，觉得不过瘾又多吃了一个，以后每天都吃掉前一天剩下桃子的一半加一个，到第 10 天时，就只剩下一个桃子了，求第一天共摘了多少个桃子？

编程思路：采用逆向思维的方式，从后往前倒推。设某一天的桃子数为 x，则之前一天的桃子数为（x+1）×2。按照这一公式从第 10 天开始倒推，第 10 天的桃子数 x=1。

【程序代码】

```
1   #include <stdio.h>
2   void main()
3   {
4       int i,x=1;              //x=1 是第 10 天的桃子个数
5       for(i=9;i>0;i--)
6           x=(x+1)*2;          //计算每天的桃子个数
7       printf("第一天共摘了%d 只桃子\n",x);
8   }
```

【运行结果】

第一天共摘了 1534 只桃子

15. 有一个分数序列 $\frac{2}{1}$、$\frac{3}{2}$、$\frac{5}{3}$、$\frac{8}{5}$、…，从第 2 项开始，每一项的分子为前一项的分子与分母之和，每一项的分母为前一项的分子，编程求这个数列的前 n 项之和。

编程思路：该程序需要用到递推算法，根据序列的第 1 项推出第 2 项，再根据第 2 项推出第 3 项……依此类推。

【程序代码】

```
1   #include <stdio.h>
2   void main()
3   {
4       int a=2,b=1,t,i,n;
5       double sum=0.0;
6       printf("请输入 n:");
7       scanf("%d",&n);
8       for (i=1;i<=n;i++)
9       {
10          sum=sum+1.0*a/b;
11          t=a;
12          a=a+b;              //下一项分子的值
13          b=t;                //下一项分母的值
14      }
15      printf("sum=%f\n",sum);
16  }
```

16. 已知超市中 5 种商品的编号和单价如下表所示。请编程实现以下功能：① 输入 5 种商品的信息并保存到结构体数组中；② 输入顾客购买的某种商品的编号和数量，计算并输出商品名称、单价、数量和应收金额，计算结果精确到 2 位小数。

商品编号	商品名称	商品单价/元
101	鸡蛋	10.0
102	猪肉	15.0
103	白菜	2.0
201	苹果	4.5
202	香蕉	2.5

【程序代码】

```
1   #include <stdio.h>
2   #include <string.h>
3   void main()
4   {
5       struct
6       {
7           char num[10];
8           char name[10];
9           float price;
10      }goods[5];
11      int i,amount;
12      char number[10];
13      for(i=0;i<5;i++)
14      {
15          printf("请输入第%d项商品的编号：",i+1);
16          scanf("%s",goods[i].num);
17          printf("请输入第%d项商品的名称：",i+1);
18          scanf("%s",goods[i].name);
19          printf("请输入第%d项商品的单价：",i+1);
20          scanf("%f",&goods[i].price);
21      }
22      printf("请输入已购商品的编号：");
23      scanf("%s",number);
24      printf("请输入已购商品的数量：");
25      scanf("%d",&amount);
26      for(i=0;i<5;i++)
27          if(strcmp(number,goods[i].num)==0)
28              printf("商品名称:%s,单价:%.2f,数量:%d,应收金额:%.2f\n",
29                  goods[i].name,goods[i].price,amount,amount*goods[i].price);
30  }
```

4.2 等考模拟试题

一、单项选择题

1. 下面程序的运行结果是（   ）。

```
1   #include <stdio.h>
2   void main()
3   {
```

```
4        int x=23;
5        do
6        {
7            printf("%2d",x--);
8        }while(!x);
9    }
```

(A) 打印出 22 　　　　　　　　　(B) 打印出 23
(C) 不打印任何内容　　　　　　　(D) 陷入死循环

【解析】do-while 语句先执行循环体，然后再判定循环条件；循环体的打印语句中表达式 x--的值为 23，执行时先打印出 x 的值 23，再将 x 的值减 1，变成 22；判定循环条件时，x 的值为 22，表示逻辑真，!x 为 0，表示逻辑假，条件不满足，退出循环。

【答案】B

2．设有以下程序段：

```
1    int k=5;
2    while(k=0)
3        k=k-1;
```

则下列叙述中，正确的是（　　）。
(A) 循环体语句执行了 5 次　　　　(B) 是死循环
(C) 循环体语句一次也没执行　　　(D) 循环体语句执行了一次

【解析】因为 k=0 是一个赋值表达式，赋值表达式的值为 0，因此，循环条件不成立，循环体语句一次也没执行。

【答案】C

3．以下程序的运行结果是（　　）。

```
1    #include <stdio.h>
2    void main()
3    {
4        int s,i;
5        for(s=0,i=1;i<3;i++,s+=i);
6        printf("%d\n",s);
7    }
```

(A) 0　　　　　(B) 3　　　　　(C) 5　　　　　(D) 6

【解析】以上程序中，for 循环的后面还有一个分号，表示循环体为空语句。第 1 次循环，先执行循环变量赋初值部分：s=0,i=1，再判断条件表达式 i<3 成立，执行空语句，接着执行循环变量增值部分，即 i++,s+=i 逗号表达式。执行逗号表达式时，先执行 i++，i 的值变为 2，再执行 s+=i，s 的值变为 2，所以第一次循环结束，得到结果：i=2,s=2。第 2 次循环，先判断条件表达式 i<3 成立，执行空语句，接着执行 i++,s+=i 逗号表达式，i 的值变为 3，s 的值变为 5，接着退出循环，输出 s 的值为 5。

【答案】C

4. 下面程序的运行结果是（   ）。

```
1   #include <stdio.h>
2   void main()
3   {
4       int y=10;
5       do
6       {
7           y--;
8       }while(--y);
9       printf("%d\n",y--);
10  }
```

(A) -1   (B) 2   (C) 1   (D) 0

【解析】对于循环条件 while(--y)来说，表达式--y 为变量 y 减 1 之后的值，即先将 y 的值减 1，再判断 y 的值是否为 0，当 y 的值为 0 时，退出循环。而 printf("%d\n",y--);语句中，表达式 y--的值是变量 y 减 1 之前的值，即先输出 y 的值(即 0)，然后 y 再减 1。

【答案】D

5. 下面程序的运行结果是（   ）。

```
1   #include <stdio.h>
2   void main()
3   {
4       int a=1,b=10;
5       do
6       {
7           b-=a;
8           a++;
9       }while(b--<0);
10      printf("a=%d,b=%d\n",a,b);
11  }
```

(A) a=3,b=9   (B) a=2,b=8   (C) a=1,b=8   (D) a=0,b=9

【解析】语句 b-=a;等价于 b=b-a;，执行循环体后 b 的值为 9，a 的值为 2；对于循环条件 while(b--<0)来说，表达式 b--的值是变量 b 减 1 之前的值，即先判断 b<0 是否成立，然后再将 b 减 1，得 8。由于 b<0 不成立，所以退出循环，此时 a=2,b=8。

【答案】B

6. 下面程序段的运行结果是（   ）。

```
1   #include <stdio.h>
2   void main()
3   {
4       int x,y;
5       for(y=1;y<10;)
6           y=((x=3*y,x+1),x-1);
```

```
7        printf("x=%d,y=%d",x,y);
8    }
```

（A）x=27,y=27　　　　　　　　（B）x=12,y=13
（C）x=15,y=14　　　　　　　　（D）x=y=27

【解析】 以上程序的循环体语句中包含有逗号表达式，逗号表达式的两个基本知识点是：① 逗号表达式的运算顺序是从左向右运算；② 逗号表达式的值为逗号中最右边表达式的值。第 1 次循环时，逗号表达式从左向右运算，先计算 x=3*y，得 x=3；再计算 x+1 为 4（注意此时没有对 x 赋值，x 的值不变），最后计算 x-1 为 2，将最右边表达式 x-1 的值 2 赋给 y，所以第 1 次循环结束，得到结果：x=3,y=2。同理第 2 次循环结束，得到结果：x=6,y=5。第 3 次循环结束，得到结果：x=15,y=14。

【答案】 C

7. 以下程序的运行结果是（　　）。

```
1    #include <stdio.h>
2    void main()
3    {
4        int i,a=0,b=0;
5        for(i=1;i<10;i++)
6        {
7            if(i%2==0)
8            {
9                a++;
10               continue;
11           }
12           b++;
13       }
14       printf("a=%d,b=%d",a,b);
15   }
```

（A）a=4,b=4　　（B）a=4,b=5　　（C）a=5,b=4　　（D）a=5,b=5

【解析】 以上程序中，for 循环体总共执行了 9 次（即 i=1～9），当 i 的取值为 2、4、6、8 时，if 语句的条件成立，执行 a++;，总共执行了 4 次，所以 a 的值为 4，if 语句的条件成立时，语句 b++;就跳过了，因此，b++;语句总共执行了 9-4=5 次，所以 b 的值为 5。

【答案】 B

8. 以下程序的运行结果是（　　）。

```
1    #include <stdio.h>
2    void main()
3    {
4        int n=2,k=0;
5        while(k++ && n++>2);
6        printf("%d %d\n",k,n);
7    }
```

（A）0 2　　　　（B）1 3　　　　（C）5 7　　　　（D）1 2

【解析】 对于条件表达式 k++ && n++>2，先对&&左侧的表达式 k++进行计算，其值为 k 加 1 之前的值（即 0），计算完后，k 的值为 1。由于&&的左侧为 0，&&的右侧便不再进行运算，所以 n 的值仍为 2。整个条件表达式 k++ && n++>2 的值为 0，退出循环。

【答案】 D

9. 有以下程序：

```
1   #include <stdio.h>
2   #include <math.h>
3   void main()
4   {
5       float x,y,z;
6       scanf("%f%f",&x,&y);
7       z=x/y;
8       while(1)
9       {
10          if(fabs(z)>1.0)
11          {
12              x=y;
13              y=z;
14              z=x/y;
15          }
16          else
17              break;
18      }
19      printf("%f\n",y);
20  }
```

若运行时从键盘上输入 3.6 2.4↵，则输出结果是（ ）。

　　（A）1.500000　　　（B）1.600000　　　（C）2.000000　　　（D）2.400000

【解析】 程序中 while(1)表示循环条件始终为真；fabs(z)表示取 z 的绝对值；当 fabs(z)≤1 时通过 break 语句退出循环。输入 x 与 y 的值分别为 3.6 和 2.4，z=3.6/2.4=1.5。执行第 1 次循环时，fabs(z)>1.0 满足条件，执行 if 语句后，x=2.4、y=1.5、z=2.4/1.5=1.6。执行第 2 次循环时，fabs(z)>1.0 满足条件，执行 if 语句后，x=1.5、y=1.6、z=1.5/1.6。执行第 3 次循环时，fabs(z)>1.0 不满足条件，退出循环。此时 y=1.6。

【答案】 B

10. 在下列选项中，没有构成死循环的程序段是（ ）。

（A）int i=100;　　　　　　　　　　　（B）for(; ;);
　　　while(1)
　　　{　i=i%10+1;
　　　　if(i>=100)break;}

（C）int k=1;　　　　　　　　　　　　（D）int i=6;
　　　do{++k;} while(k<10000);　　　　　while(i); --i;

【解析】在 A 选项中，循环控制变量 i 的值在 1～10 变化，不可能通过 break 语句退出；在 B 选项中，对循环控制变量没有任何的赋值和判断，循环体为空语句，属于死循环；在 C 选项中，执行循环体后 k 的值加 1，k 的值最终会达到 10 000，退出循环；在 D 选项中，循环体为空语句，变量 i 的值始终为 6，无法退出循环。

【答案】C

11．执行 for(m=1;m++<=5;);语句后，变量 m 的值为（　　）。
（A）5　　　　　（B）6　　　　　（C）7　　　　　（D）8

【解析】m++<=5 中表达式 m++的值为 m 加 1 之前的值，当 m=6 时，不满足循环条件 m<=5，但是 m 还要加 1，m 为 7，所以退出循环时 m 的值为 7。

【答案】C

12．以下程序的输出结果是（　　）。

```
#include <stdio.h>
void main()
{
    int x=10,y=10,i;
    for(i=0;x>8;y=++i)
        printf("%d,%d ",x--,y);
}
```

（A）10,1　9,2　　（B）9,8　7,6　　（C）10,9　9,0　　（D）10,10　9,1

【解析】打印语句中的 x--，表示先输出 x 的值，然后 x 减 1。执行第 1 次循环时，打印出 x 的值 10，y 的值 10，打印完后，x 减 1 变为 9；再执行 y=++i，y 的值变为 1；判断循环条件成立，执行第 2 次循环，打印 x 的值 9，y 的值 1，打印完后，x 减 1 变为 8；此时循环条件不成立，退出循环。

【答案】D

13．以下程序的运行结果是（　　）。

```
#include <stdio.h>
void main()
{
    int i;
    for(i=1;i<6;i++)
    {
        if(i%2)
        {
            printf("#");
            continue;
        }
        printf("*");
    }
    printf("\n");
}
```

(A) #*#*#　　　　(B) ####　　　　(C) *****　　　　(D) *#*#*

【解析】在循环体内，当循环控制变量 i 为奇数时，if 语句的条件为真，打印#，并通过 continue 语句结束本次循环，进入下一次循环；当循环控制变量 i 为偶数时，if 语句的条件为假，打印*。

【答案】A

14. 以下程序的运行结果是（　　）。

```
1   #include <stdio.h>
2   void main()
3   {
4       int a,b;
5       for(a=1,b=1;a<=100;a++)
6       {
7           if(b>=20)
8               break;
9           if(b%3==1)
10          {
11              b+=3;
12              continue;
13          }
14          b-=5;
15      }
16      printf("%d\n",a);
17  }
```

(A) 7　　　　(B) 8　　　　(C) 9　　　　(D) 10

【解析】在循环体语句中，b 的初值为 1，判断条件 if(b%3==1)成立，b 值加 3，变成 4；下一次循环时，判断条件 if(b%3==1)仍然成立，b 值加 3……这样 b%3 一直为 1，循环体一共执行 7 次，直到 b 加到 22 时，通过 if(b>=20) break;语句退出循环。此时，执行了 7 次 a++，a 的值为 8。

【答案】B

15. 下面程序的运行结果是（　　）。

```
1   #include <stdio.h>
2   void main()
3   {
4       int y=9;
5       for( ; y>0; y--)
6       {
7           if(y%3==0)
8           {
9               printf("%d", --y);
10              continue;
11          }
```

```
12        }
13    }
```

(A) 741　　　　(B) 852　　　　(C) 963　　　　(D) 875421

【解析】在循环体中，当循环控制变量 y 为 3 的倍数时输出--y 的值，即 y 减 1 之后的值。执行第 1 次循环时，输出 8；执行第 2 次循环时，输出 5；执行第 3 次循环时，输出 2。

【答案】B

16. 若输入 1 2 3 4 0↙，则以下程序的运行结果是（　　）。

```
1     #include <stdio.h>
2     void main()
3     {
4         int x;
5         scanf("%d",&x);
6         while(x>0)
7         {
8             switch(x)
9             {
10                case 1:printf("%d",x+6);
11                case 2:printf("%d",x+7); break;
12                case 3:printf("%d",x+3);
13                default:printf("%d",x+1);break;
14            }
15            scanf("%d",&x);
16        }
17    }
```

(A) 789645　　　(B) 76665　　　(C) 78666　　　(D) 789665

【解析】从键盘输入 1 2 3 4 0 后，执行语句 scanf("%d",&x);时，读入一个整数 1 到 x 中，执行循环语句时，由于 x>0，执行 switch 语句的第 1 条和第 2 条分支，打印 78；接着读入一个整数 2 到 x 中，执行循环语句时，由于 x>0，执行 switch 语句，打印 9；接着读入一个整数 3 到 x 中，执行循环语句时，由于 x>0，执行 switch 语句，打印 64；接着读入一个整数 4 到 x 中，执行循环语句时，由于 x>0，执行 switch 语句，打印 5；最后读入一个整数 0 到 x 中，结束循环。

【答案】A

17. 已知 int m=1,n=0;，执行下面语句后 n 的值是（　　）。

```
1     while(m)
2         switch(m)
3         {
4             case 1: m+=1;n++;break;
5             case 2: m+=2;n++;break;
6             default: m--;n++;break;
7         }
```

(A) 1　　　　(B) 2　　　　(C) 3　　　　(D) 死循环

【解析】while(m)是循环语句，表示只要变量 m 的值不等于 0 就执行 switch 语句。首先 m 等于 1，执行第 1 次循环后，m 等于 2；执行第 2 次循环后，m 等于 4；执行第 3 次循环后，m 等于 3；执行第 4 次循环后，m 等于 2；执行第 5 次循环后，m 又等于 4……m 不可能为 0，因此，是个死循环。

【答案】D

18. 下面程序的运行结果是（　　）。

```
1  #include <stdio.h>
2  void main()
3  {
4      int x;
5      for(x=3; x<6; x++)
6          printf((x%2)?("**%d"):("##%d\n"),x);
7  }
```

(A) **3　　　　　(B) ##3　　　　　(C) ##3　　　　　(D) **3##4
　　##4　　　　　　　**4　　　　　　　**4##5　　　　　　**5
　　**5　　　　　　　##5

【解析】循环体打印语句的格式控制部分使用了条件表达式(x%2)?("**%d"):("##%d\n")。当 x 为奇数时，条件表达式的值为"**%d"，打印**及 x 的值；当 x 为偶数时，条件表达式的值为"##%d\n"，打印##及 x 的值，并换行。

【答案】D

二、填空题

1. 以下程序的功能是：从键盘上输入若干个学生的成绩，统计并输出最高成绩和最低成绩，当输入负数时结束输入，请填空。

```
1   #include <stdio.h>
2   void main()
3   {
4       float x,max,min;
5       scanf("%f",&x);
6       max=x;
7       min=x;
8       while(___1___)
9       {
10          if(x>max)
11              max=x;
12          if(___2___)
13              min=x;
14          scanf("%f",&x);
15      }
16      printf("max=%f\nmin=%f\n",max,min);
17  }
```

【答案】1. x>0.0　　2. min>x

2．下面程序的功能是：输出100以内能被3整除且个位数为6的所有整数，请填空。

1	`#include <stdio.h>`
2	`void main()`
3	`{`
4	`    int i, j;`
5	`    for(i=0;  1  ; i++)`
6	`    {`
7	`        j=i*10+6;`
8	`        if(  2  ) continue;`
9	`        printf("%d ",j);`
10	`    }`
11	`}`

【解析】一个整数除3取余，如果余数为0的话，说明该数能被3整除；否则，不能被3整除。不能被3整除时，应执行continue;，跳过输出语句。

【答案】1．i<10   2．j%3!=0

3．以下程序的功能是计算：s=1+12+123+1234+12 345。请填空。

1	`#include <stdio.h>`
2	`void main()`
3	`{`
4	`    int t=0,s=0,i;`
5	`    for(i=1; i<=5; i++)`
6	`    {`
7	`        t=i+_____;`
8	`        s=s+t;`
9	`    }`
10	`    printf("s=%d\n",s);`
11	`}`

【答案】t*10

4．以下程序的功能是输出如下形式的方阵，请填空。

```
13 14 15 16
 9 10 11 12
 5  6  7  8
 1  2  3  4
```

1	`#include <stdio.h>`
2	`void main()`
3	`{`
4	`    int i,j,x;`
5	`    for(j=4; j  1  ; j--)`
6	`    {`

```
7           for(i=1; i<=4; i++)
8           {
9               x=(j-1)*4 +___2___;
10              printf("%4d",x);
11          }
12          printf("\n");
13      }
14  }
```

【答案】1. >0   2. i

三、编程题

1. 编写某商业银行的网银登录系统。如果口令输入错误，则提示"口令有误，请重新输入"；如果连续错误输入 3 次，则提示"该账户异常，将锁定 24 小时"；如果口令正确，则提示"口令验证通过"（假设用户口令为 123456）。

【程序代码】

```
1   #include <stdio.h>
2   void main()
3   {
4       int pw,i=0;          //i 表示连续错误输入口令的次数
5       while(i<3)           //连续输入口令 3 次
6       {
7           printf("请输入登录口令：\n");
8           scanf("%d",&pw);
9           if(pw!=123456)
10          {
11              printf("口令有误，请重新输入\n");
12              i++;
13          }
14          else
15              break;
16      }
17      if(i==3)
18          printf("该账户异常，将锁定 24 小时\n");
19      else
20          printf("口令验证通过\n");
21  }
```

2. 采用 printf("*");语句和循环语句编写程序，打印以下图案：

```
*
**
***
****
*****
```

【程序代码】

```
1    #include <stdio.h>
2    void main()
3    {
4        int i,j;
5        for(i=1;i<=5;i++)        //外循环控制行数
6        {
7            for(j=1;j<=i;j++)    //内循环控制每行*的个数
8                printf("*");
9            printf("\n");        //输出一行后换行
10       }
11   }
```

3．从键盘输入若干个字符，直至按 Enter 键为止，分别统计其中英文字母、空格、数字和其他字符的个数。

【程序代码】

```
1    #include <stdio.h>
2    void main()
3    {
4        char c;
5        int letters=0,space=0,digit=0,others=0;
6        printf("请输入一组字符：");
7        while((c=getchar())!='\n')
8        {
9            if(c>='a'&&c<='z'||c>='A'&&c<='Z')
10               letters++;
11           else if(c==' ')
12               space++;
13           else if(c>='0'&&c<='9')
14               digit++;
15           else
16               others++;
17       }
18       printf("char=%d space=%d digit=%d others=%d\n",
19              letters, space, digit, others);
20   }
```

【解析】调用 getchar( )库函数时，从键盘输入的数据先暂存在键盘缓冲区中，只有按 Enter 键后，这些字符才一起被输入到计算机中。上面的程序通过 while 循环对输入的每个字符进行判断和统计，直至遇到 Enter 键为止。

4．有两个羽毛球队进行比赛，各出 3 人。甲队为 a、b、c，乙队为 x、y、z。第 1 场比赛通过抽签决定对阵名单。抽签结果是：a 不和 x 比，c 不和 x、z 比，请编程输出 3 对选手的对阵名单。

【程序代码】

```
1   #include <stdio.h>
2   void main()
3   {
4       char a,b,c;                           //分别保存a、b、c的对手名单
5       for(a='x';a<='z';a++)                 //穷举a可能的对手
6           for(b='x';b<='z';b++)             //穷举b可能的对手
7           {
8               if(a!=b)                      //排除a和b与同一个人比赛
9                   for(c='x';c<='z';c++)     //穷举c可能的对手
10                  {
11                      if(c!=a && c!=b)      //排除c与a、b的对手相同
12                      {
13                          if(a!='x'&& c!='x'&& c!='z')   //按题目条件排除对手
14                              printf("a-%c b-%c c-%c\n",a,b,c);
15                      }
16                  }
17          }
18  }
```

【运行结果】

```
a-z b-x c-y
```

5. 已知abc+cba=1 333，其中a、b、c均为一位数，编程求出满足条件的a、b、c的所有组合。

【程序代码】

```
1   #include <stdio.h>
2   void main()
3   {
4       int a,b,c;
5       for(a=1;a<=9;a++)
6       {
7           for(b=0;b<=9;b++)
8           {
9               for(c=1;c<=9;c++)
10              {
11                  //把abc、cba连接起来，转成整数
12                  if((a*100+b*10+c)+(c*100+b*10+a)==1333)
13                      printf("a=%d,b=%d,c=%d\n",a,b,c);
14              }
15          }
```

```
16     }
17 }
```

6. 任何一个自然数 n 的立方均可以写成 n 个连续奇数之和。例如：

$1^3=1$

$2^3=3+5$

$3^3=7+9+11$

$4^3=13+15+17+19$

编程实现从键盘输入一个自然数 n，求组成 n^3 的 n 个连续奇数。

编程思路：n^3 可以写成 n 个连续奇数之和，设第一个奇数为 2m+1，则有：n^3=(2m+1)+(2m+3)+(2m+5)+…+(2m+2n-1)，等号的左边共有 n 项，将其重新组合得到 n^3=2mn+(1+3+5+…+2n-1) => n^3=2mn+(1+2n-1)*n/2 => n^3=2mn+n^2 => m=(n^2-n)/2，算出 m 后就可以写出这 n 个连续奇数了。

【程序代码】

```
1   #include <stdio.h>
2   void main()
3   {
4       int n,i,m;
5       printf("输入一个数:\n");
6       scanf("%d",&n);
7       m=(n*n-n)/2;
8       printf("%d 的立方=",n);
9       for(i=1;i<2*n-1;i=i+2)
10          printf("%d+",2*m+i);
11      printf("%d\n",2*m+i);
12  }
```

7. 求一个整数的任意次方的最后 3 位数，即求 a^b 次方的最后 3 位数。要求 a、b 从键盘输入。

编程思路：求 a 的任意次方即是将 a 连乘，在乘的过程中，必须进行适当的处理，否则结果可能很大，会超过系统给变量分配的存储空间，发生溢出。由于在乘的过程中，只有最后 3 位会影响最终结果，因此，每次只需要取最后 3 位即可。

【程序代码】

```
1   #include <stdio.h>
2   void main()
3   {
4       int i,a,b,last=1;
5       printf("请输入 a、b 的值:");      //这里为整数
6       scanf("%d%d",&a,&b);
7       for(i=1;i<=b;i++)
8       {
```

9	`            last=last*a;`	`//连乘，求 a 的任意次方`
10	`            last=last%1000;`	`//只取后 3 位进行下一步计算`
11	`        }`	
12	`        printf("结果=%d\n",last);`	
13	`}`	

8. 编程实现：计算 3 到 m 之间所有素数的平方根之和，并输出。

编程思路：只要 m 不被 $2\sim\sqrt{m}$ 的整数整除，它就是素数。需要用两重循环，外循环依次处理每个数，内循环判断该数是否为素数，如果是，则将其平方根累加。

【程序代码】

1	`#include <stdio.h>`
2	`#include <math.h>`
3	`void main()`
4	`{`
5	`    int n,k,i,m;`
6	`    double sum=0.0;`
7	`    printf("请输入m:");`
8	`    scanf("%d",&m);`
9	`    for(n=3;n<=m;n++)`
10	`    {`
11	`        k=sqrt((double)n);`
12	`        for(i=2;i<=k;i++)`
13	`            if(n%i==0) break;`
14	`        if(i>k)          //是素数`
15	`            sum=sum+sqrt((double)n);`
16	`    }`
17	`    printf("sum=%lf\n",sum);`
18	`}`

9. 输入一个正整数，计算并输出这个正整数的各位数字之和。

编程思路：借助循环，通过除 10 取余，可以取出数的最后一位，然后通过除 10 取整，舍掉最后一位；对剩下的数再进行同样的处理，直至数是 0 为止。

【程序代码】

1	`#include <stdio.h>`	
2	`void main()`	
3	`{`	
4	`    int number,sum=0;`	
5	`    printf("请输入一个正整数:");`	
6	`    scanf("%d",&number);`	
7	`    while(number>0)`	
8	`    {`	
9	`        sum=sum+number%10;`	`//number%10 得到该数的最后一位数`

```
10              number=number/10;           //求舍掉最后一位后剩下的数
11          }
12          printf("sum=%d\n",sum);
13      }
```

10. 输入一个不多于 5 位的正整数，求：① 它是几位数；② 合成它的逆序数并输出。例如，如果原数是 123，则输出 321。

【程序代码】

```
1   #include <stdio.h>
2   void main(void)
3   {
4       int num,reverse=0,count=0,r;      //reverse 保存逆序数
5       printf("请输入一个数：");
6       scanf("%d",&num);
        // 逆序处理，同时算位数
7       while (num != 0)
8       {
9           r=num%10;                     //取出最后一位数
10          reverse = reverse*10+r;       //合成逆序数
11          num = num/10;                 //舍掉最后一位数
12          count++;                      //计算位数
13      }
14      printf("位数：%d,逆序数：%d\n",count,reverse);
15  }
```

11. 从键盘输入若干个字符，直至按 Enter 键为止，分别统计其中+、-、*、/、%、空格和其他字符的个数。

【程序代码】

```
1   #include <stdio.h>
2   void main()
3   {
4       int  add=0,sub=0,mul=0,div=0,mod=0,space=0,other=0;
5       char c;
6       while((c=getchar())!='\n')
7           switch(c)
8           {
9               case '+':add++;break;
10              case '-':sub++;break;
11              case '*':mul++;break;
12              case '/':div++;break;
13              case '%':mod++;break;
14              case ' ':space++;break;
```

```
15              default:other++;
16          }
17      printf("%d,%d,%d,%d,%d,%d,%d\n",add,sub,mul,div,mod,space,other);
18  }
```

12. 从键盘输入两个整数，计算并输出这两个整数的最大公约数。

编程思路：所谓两个整数的最大公约数是指能够整除这两个整数的最大整数值。求最大公约数有多种方法，其中，辗转相除法是一种求解速度较快的方法，算法思想如下：

（1）对于两个整数 m 和 n，使得 m>n；

（2）求余数 r=m%n；

（3）若 r=0，则 n 为求得的最大公约数，否则执行 m=n；n=r；r=m%n；。

【程序代码】

```
1   #include <stdio.h>
2   void main()
3   {
4       int m,n,r,t;
5       scanf("%d%d",&m,&n);
6       if (m<n)            //交换
7       {
8           t=m;
9           m=n;
10          n=t;
11      }
12      r=m%n;
13      while(r!=0)
14      {
15          m=n;
16          n=r;
17          r=m%n;
18      }
19      printf("最大公约数是:%d\n",n);
20  }
```

【运行结果】

24 36
最大公约数是:12

第5章 数组

5.1 课后习题解答

一、单项选择题

1. 对于赋值语句 int b[10]={1,2,3,4,5};的正确理解是（　　）。
   - （A）将5个初值依次赋给 b[1]至 b[5]
   - （B）将5个初值依次赋给 b[0]至 b[4]
   - （C）将5个初值依次赋给 b[6]至 b[10]
   - （D）因为数组长度与初值的个数不相同，所以此语句不正确

   【答案】B

2. 若有以下程序段：

   ```
   1  int a[12]={1,2,3,4,5,6,7,8,9,10,11,12};
   2  char c='a', d, g;
   ```

   则数值为4的表达式是（　　）。
   　　（A）a[g-c]　　　（B）a[4]　　　（C）a['d'-'c']　　　（D）a['d'-c]

   【解析】变量 g 没有被赋值，其值为随机数，所以 A 选项错误；a[4]的值是5，所以 B 选项错误；'d'-'c'的值为1，a['d'-'c']可简写为 a[1]，其值为2，所以 C 选项错误；'d'-c 可以写成'd'-'a'，其值为3，而 a[3]的值为4，所以 D 选项正确。

   【答案】D

3. 下面数组定义中，正确的是（　　）。
   　　（A）int a[][2]={1,2,3,4}　　　　　（B）int a[][]={1,2,3,4}
   　　（C）int a[2][]={1,2,3,4}　　　　　（D）int a[2,2]={1,2,3,4}

   【解析】二维数组初始化时可以省略第一维的长度，但第二维的长度不能省略，所以 A 选项正确。

   【答案】A

4. 若有说明：int a[10]={9,4,12,8,2,10,7,5,1,3};，则 a[a[4]+a[8]]的值是（　　）。
   　　（A）8　　　（B）12　　　（C）10　　　（D）7

   【解析】a[4]的值为2，a[8]的值为1，这样 a[a[4]+a[8]]可以简写成 a[3]，其值为8，所以 A

【答案】A

5. 已知：int a[10]={1,2,3,4};，若 int 型变量占 4 个字节，则数组 a 在内存中所占的字节数是（   ）。

（A）16　　　　　（B）20　　　　　（C）40　　　　　（D）不定的

【解析】数组所占字节数由数组的大小来确定，该数组包含 10 个整型元素，因此，在内存中所占的字节数是 40。

【答案】C

6. 以下定义语句中，不正确的是（   ）。

（A）double a[5]={1.0,2.0,3.0,4.0,5.0};
（B）int a[5]={0,1,2,3,4,5};
（C）char c[]={'1','2','3','4','5'};
（D）char c[]={'\x18','\x3a','\x18'};

【解析】B 选项中，赋值的数组元素个数超过了数组的下标范围。

【答案】B

7. 已知：int b[3][3]={1,2,3,4,5,6,7,8};，则 b[2][1]的值是（   ）。

（A）4　　　　　（B）5　　　　　（C）6　　　　　（D）8

【答案】D

8. 已知：int a[][3]={1,2,3,4,5,6,7,8,9};，则数组 a 第一维的大小是（   ）。

（A）2　　　　　（B）3　　　　　（C）4　　　　　（D）不确定值

【解析】在定义二维数组时如果进行了初始化，则可以省略第一维的长度，系统会自动根据初值的个数推算出第一维的大小，计算方法是：取大于或等于"初值个数除以数组列数"所得值的最小整数。以上定义等价于 int a[3][3]={{1,2,3},{4,5,6},{7,8,9}};。

【答案】B

9. 已知：char a[]= "Beijing";，则数组 a 所占的存储空间为（   ）个字节。

（A）6　　　　　（B）7　　　　　（C）8　　　　　（D）9

【解析】因为系统在字符串的末尾自动添加了一个字符串结束标志'\0'，因此数组 a 的实际长度为 8。

【答案】C

10. 以下选项中，不能正确赋值的是（   ）。

（A）char a[]="Beijing";
（B）char a[30]={"Beijing"};
（C）char a[30]; a="Beijing";
（D）char a[30]={ 'B','e','i','j','i','n','g'};

【解析】在 C 选项中，赋值号左侧的数组名 a 是数组的首地址，是一个常量，C 语言规定不能对一个常量赋值。

【答案】C

11. 以下定义语句中，错误的是（   ）。

（A）int a[5]={1};　　　　　　　　　　（B）int c[]={1,2,0,0,0};

(C) int b[3+3];　　　　　　　　　(D) int i=5,a[i];

【解析】定义数组时，[ ]中只能是常量表达式，不能为变量，所以 D 选项错误。

【答案】D

12. 若有定义：int a[3][4];，则以下对数组 a 元素的引用错误的是（　　）。
    (A) a[2][3*1]　　(B) a[1][2]　　(C) a[3-2][0]　　(D) a[1][4]

【解析】因为 a[1][4]超出了数组第二维的下标范围，所以 D 选项错误。

【答案】D

13. 以下有关二维数组的定义中，错误的是（　　）。
    (A) int b[2][2]={{3},{4}};　　　　(B) int b[][2]={2,5,3,4};
    (C) int b[2][2]={{1,2},{2,3}};　　(D) int b[2][]={{1,2},{3,4}};

【解析】因为数组第二维的下标不能省略（第一维的下标可以省略），所以 D 选项错误。

【答案】D

14. 判断字符串 x 是否大于字符串 y，应当使用语句（　　）。
    (A) if (x>y)　　　　　　　　　(B) if (strcmp(x,y))
    (C) if (strcmp(y,x)>0)　　　　(D) if (strcmp(x,y)>0)

【解析】两个字符串的比较应当调用库函数 strcmp()，如果第 1 个字符串大于第 2 个字符串，则函数的返回值为正数，所以 D 选项正确。

【答案】D

15. 将字符串 b 连接到字符串 a 的末尾，应当使用语句（　　）。
    (A) strcpy(a,b);　　　　　　　(B) strcat(b,a);
    (C) strcat(a,b);　　　　　　　(D) strcmp(b,a);

【答案】C

16. 设有定义：char a[10];，要想从键盘输入一个字符串给 a，应当使用语句（　　）。
    (A) scanf("%c",a);　　　　　　(B) gets(a);
    (C) a=gets();　　　　　　　　 (D) puts(a);

【解析】gets()函数的格式是：gets(一维字符数组名);。

【答案】B

17. 以下程序的输出结果是（　　）。

```
1  #include <stdio.h>
2  #include <string.h>
3  void main()
4  {
5      char str[12]={'C','h','i','n','a'};
6      printf("%d\n",strlen(str));
7  }
```

(A) 5　　(B) 6　　(C) 10　　(D) 12

【答案】A

18. 以下程序的输出结果是（　　）。

```
#include <stdio.h>
void main()
{
    int b[4][4]={{1,2,3},{4,5,6},{7,8,9}};
    printf("%d%d%d%d\n",b[0][2],b[1][3],b[2][1],b[3][0]);
}
```

（A）3080　　　　（B）1570　　　　（C）2430　　　　（D）输出值不定

【解析】数组初始化时，未赋值的元素的值为 0，因此 b[1][3]和 b[3][0]的值为 0。
【答案】A

19. 以下程序的输出结果是（　　）。

```
#include <stdio.h>
void main()
{
    int i,b[3][3]={1,2,3,4,5,6,7,8,9};
    for(i=0;i<3;i++)
        printf("%d ",b[i][i]);
}
```

（A）2 6 8　　　　（B）3 6 9　　　　（C）1 5 9　　　　（D）1 5 7

【答案】C

20. 以下程序的输出结果是（　　）。

```
#include <stdio.h>
void main()
{
    int m[][3]={1,2,3,4,5,6,7,8,9};
    int i,j=2;
    for(i=0;i<3;i++)
        printf("%d ",m[j][i]);
}
```

（A）1 2 3　　　　（B）3 4 5　　　　（C）4 5 6　　　　（D）7 8 9

【答案】D

二、编程题

1. 从键盘输入 10 个整数到数组中，求其中正数的个数及其平均值（计算结果精确到小数点后两位），并输出结果。

【程序代码】

```
#include <stdio.h>
void main()
{
```

4	`    int a[10],i,k=0;`
5	`    float sum=0;`
6	`    printf("请输入10个整数：");`
7	`    for(i=0;i<10;i++)`
8	`        scanf("%d",&a[i]);        //获取数组的值`
9	`    for(i=0;i<10;i++)`
10	`    {`
11	`        if(a[i]>0)`
12	`        {`
13	`            sum=sum+a[i];`
14	`            k++;`
15	`        }                          //求正数的和及个数`
16	`    }`
17	`    printf("正数的个数为：%d,平均值为：%.2f\n",k,sum/k);`
18	`}`

2. 编程从键盘输入若干个学生的成绩，输入负数时表示输入结束，输出平均成绩和低于平均分的学生成绩，其中平均值精确到小数点后两位。

【程序代码】

1	`#include <stdio.h>`
2	`void main()`
3	`{`
4	`    int a[100],n,i=0,score;        //n用来保存学生人数`
5	`    float sum=0.0,ave;`
6	`    while(1)`
7	`    {`
8	`        printf("请输入第%d个学生的分数\n",i+1);`
9	`        scanf("%d",&score);`
10	`        if(score<0)`
11	`            break;`
12	`        sum=sum+score;`
13	`        a[i]=score;`
14	`        i++;`
15	`    }`
16	`    n=i;`
17	`    ave=sum/n;`
18	`    printf("平均分为：%.2f\n",ave);`
19	`    printf("低于平均分的分数为：\n");`
20	`    for(i=0;i<n;i++)`
21	`        if(a[i]<ave)`
22	`            printf("%d\t",a[i]);`
23	`}`

3. 编程从键盘输入 10 个数,求它们的标准差。求标准差的公式如下:

$$s = \sqrt{\frac{1}{10}\sum_{k=1}^{10}(x_k - x)^2}, \text{ 其中 } x = \frac{1}{10}\sum_{k=1}^{10}x_k$$

【程序代码】

```
1   #include <stdio.h>
2   #include <math.h>
3   void main()
4   {
5       double s=0,s1=0,x[10];
6       int i;
7       printf("请输入10个数:");
8       for(i=0;i<10;i++)
9           scanf("%lf",&x[i]);
10      for(i=0;i<10;i++)
11          s1=s1+x[i];
12      s1=s1/10;              //求x的平均值
13      for(i=0;i<10;i++)
14          s=s+(x[i]-s1)*(x[i]-s1);
15      s=s/10;
16      s=pow(s,0.5);
17      printf("标准差为: %lf\n",s);
18  }
```

4. 从键盘输入一个 3×3 的矩阵,求该矩阵主对角线上的元素之和。

【程序代码】

```
1   #include <stdio.h>
2   void main()
3   {
4       int i,j,sum=0,a[3][3];
5       printf("请输入3×3的矩阵:");
6       for(i=0;i<3;i++)
7           for(j=0;j<3;j++)
8               scanf("%d",&a[i][j]);
9       for(i=0;i<3;i++)
10          sum=sum+a[i][i];
11      printf("%d\n",sum);
12  }
```

【解析】矩阵主对角线上元素的行号和列号相等。

5. 从键盘上输入一个 M×N 的二维数组,求该数组各行的平均值,并将计算结果放到一个一维数组中,然后输出。

【程序代码】

```
1   #include <stdio.h>
2   #define M 3
3   #define N 4
4   void main()
5   {
6       int i,j;
7       float a[M][N],b[M],sum;
8       printf("请输入%d×%d 的矩阵:",M,N);
9       for(i=0;i<M;i++)
10      {
11          sum=0;
12          for(j=0;j<N;j++)
13          {
14              scanf("%f",&a[i][j]);
15              sum=sum+a[i][j];         //在接收第 i 行输入的同时求和
16          }
17          b[i]=sum/N;                  //求每行的平均值并放入数组 b 中
18      }
19      for(i=0;i<M;i++)
20          printf("%7.2f",b[i]);
21  }
```

6. 编程从键盘输入一个 N×N 的矩阵 A，求矩阵 B(B=A+A')，即将矩阵 A 与其转置矩阵 A'相加，结果存放到矩阵 B 中。例如，输入下面的矩阵：

$$
\begin{matrix}
1 & 2 & 3 \\
4 & 5 & 6 \\
7 & 8 & 9
\end{matrix}
$$

其转置矩阵为：

$$
\begin{matrix}
1 & 4 & 7 \\
2 & 5 & 8 \\
3 & 6 & 9
\end{matrix}
$$

则程序的输出结果为：

$$
\begin{matrix}
2 & 6 & 10 \\
6 & 10 & 14 \\
10 & 14 & 18
\end{matrix}
$$

【程序代码】

```
1   #include <stdio.h>
2   #define N 3
3   void main(  )
4   {
```

```
5       int a[N][N],b[N][N],c[N][N];
6       int i,j;
7       printf("请输入矩阵 A:\n");
8       for (i=0;i<N;i++)
9           for(j=0;j<N;j++)
10              scanf("%d",&a[i][j]);
11      for(i=0;i<N;i++)
12          for(j=0;j<N;j++)
13          {
14              c[i][j]=a[j][i];        //转置矩阵
15              b[i][j]=a[i][j]+c[i][j];
16          }
17      printf("结果为:\n");
18      for(i=0;i<N;i++)
19      {
20          for(j=0;j<N;j++)
21              printf("%7d",b[i][j]);
22          printf("\n");
23      }
24  }
```

7．编程从键盘输入一个方阵的行数及所有元素，求该方阵"右上三角"的元素之和。

【程序代码】

```
1   #include <stdio.h>
2   void main( )
3   {
4       int x[10][10],n,i,j,sum=0;
5       printf("请输入方阵的行数：");
6       scanf("%d",&n);
7       printf("请输入方阵的数据：\n");
8       for(i=0;i<n;i++)
9           for(j=0;j<n;j++)
10              scanf("%d",&x[i][j]);
11      for(i=0;i<n;i++)
12          for(j=i;j<n;j++)
13              sum=sum+x[i][j];
14      printf("%d\n",sum);
15  }
```

8．从键盘输入一个字符串，将其按逆序输出。

编程思路：先从键盘输入一个字符串到字符数组中，然后，利用循环语句，从字符串末尾向字符串首部方向依次输出每个字符。

【程序代码】

```
1   #include <stdio.h>
2   #include <string.h>
3   void main( )
4   {
5       char a[20];
6       int i;
7       gets(a);
8       for(i=strlen(a)-1;i>=0;i--)
9           printf("%c",a[i]);
10  }
```

9. 从键盘输入两个字符串，将第 2 个字符串连接到第 1 个字符串的末尾，并输出连接后的结果。要求：不能调用字符串库函数 strcat( )。

【程序代码】

```
1   #include <stdio.h>
2   void main( )
3   {
4       int i=0,j=0;
5       char s1[80],s2[80];
6       printf("请输入第1个字符串:");
7       gets(s1);
8       printf("请输入第2个字符串:");
9       gets(s2);
10      while(s1[i]!='\0')          //计算字符串1的长度值
11          i++;
12      while(s2[j]!='\0')          //将字符串2连接在字符串1的末尾
13      {
14          s1[i]=s2[j];
15          i++;
16          j++;
17      }
18      s1[i]='\0';                 //添加字符串结束标志
19      printf("连接后的字符串为:%s\n",s1);
20  }
```

10. 编程将字符数组 s2 中的全部字符复制到字符数组 s1 中。要求：不能调用字符串库函数 strcpy( )。

【程序代码】

```
1   #include <stdio.h>
2   #include <string.h>
3   int main( )
```

```
4     {
5         int i;
6         char s1[50];
7         char s2[50];
8         scanf("%s",s2);
9         for(i=0;i<strlen(s2);i++)
10            s1[i]=s2[i];
11        s1[i]='\0';                //字符串末尾的'\0'
12        printf("%s",s1);
13    }
```

11. 编程将递增数列 10、20、30、40、50、60、70、80、90、100 保存到数组中，再从键盘输入一个整数，将它插入到该数列中，使之仍为一个递增数列。

编程思路：先寻找新元素在数列中的插入位置，然后将插入点之后的所有数组元素后移一位，为新元素腾出位置，最后插入新元素。

【程序代码】

```
1     #include <stdio.h>
2     void main()
3     {
4         int a[11]={10,20,30,40,50,60,70,80,90,100},b,i,p=10;
5         printf("请输入要插入的数据：");
6         scanf("%d",&b);
7         for(i=0;i<10;i++)           //寻找插入点，并将插入点保存到p中
8             if(b<a[i])
9             {
10                p=i;
11                break;
12            }
13        for(i=9;i>=p;i--)           //插入点之后的数组元素后移一位，为新元素空出位置
14            a[i+1]=a[i];
15        a[p]=b;                     //插入新元素
16        for(i=0;i<=10;i++)          //输出结果
17            printf("%d ",a[i]);
18    }
```

12. 编程从键盘输入一个 M×N 的二维数组，求该数组中最外圈元素的平均值，并输出结果。

编程思路：二维数组最外圈元素的特征是：行下标为 0（即第一行）或 M-1（即最后一行），或者列下标为 0（即第一列）或 N-1（即最后一列），筛选出这些元素求和即可。

【程序代码】

```
1     #include <stdio.h>
2     #define M 3
3     #define N 4
4     void main()
```

```
5     {
6         int a[M][N];
7         int i,j,k=0;                              //k用来保存外围元素的个数
8         double sum=0.0;
9         printf("请输入数组：\n");
10        for(i=0;i<M;i++)
11            for(j=0;j<N;j++)
12            {
13                scanf("%d",&a[i][j]);
14                if(i==0||i==M-1||j==0||j==N-1)    //四周的元素
15                {
16                    sum=sum+a[i][j];
17                    k++;
18                }
19            }
20        printf("外围元素的平均值为：%lf\n", sum/k);
21    }
```

13. 从键盘输入一个字符串，分别用冒泡法和选择法对该字符串中的字符由小到大进行排序，并输出结果。

【程序代码】（冒泡排序法）

```
1     #include <stdio.h>
2     #include <string.h>
3     void main()
4     {
5         int n,i,j;
6         char t,s[80];
7         gets(s);
8         n=strlen(s);
9         for(i=1;i<=n-1;i++)
10            for(j=0;j<n-i;j++)
11                if(s[j]>s[j+1])
12                {
13                    t=s[j];
14                    s[j]=s[j+1];
15                    s[j+1]=t;
16                }
17        puts(s);
18    }
```

【程序代码】（选择排序法）

```
1     #include <stdio.h>
2     #include <string.h>
```

```
 3    void main( )
 4    {
 5        int n,i,j,min;
 6        char t,s[80];
 7        gets(s);
 8        n=strlen(s);
 9        for(i=0;i<n-1;i++)
10        {
11            min=i;
12            for(j=i+1;j<n;j++)
13                if(s[j]<s[min]) min=j;
14            if(i!=min)
15            {
16                t=s[i];
17                s[i]=s[min];
18                s[min]=t;
19            }
20        }
21        puts(s);
22    }
```

5.2 等考模拟试题

一、单项选择题

1. 在 C 语言中，数组的下标可以是（　　）。
   （A）整型常量表达式　　　　　　　　（B）整型表达式
   （C）整型常量或整型表达式　　　　　（D）任何类型的表达式

【解析】数组的下标不能为变量，整型表达式中可以包含整型变量，所以 B、C、D 选项错误；数组的下标可以是整型常量表达式，A 选项正确。

【答案】A

2. 以下语句中，s 不能作为字符串使用的是（　　）。
   （A）char s[]="shanghai";
   （B）char s[]={"shanghai"};
   （C）char s[9]={ 's','h','a','n','g','h','a','i'};
   （D）char s[8]={ 's','h','a','n','g','h','a','i'};

【解析】字符串数组应该有一个字符串结束标志，D 选项中，数组 s 没有字符串结束标志，不能作为字符串使用。C 选项中，字符数组中未赋值的元素会自动赋默认值'\0'。

【答案】D

3. 下列定义数组的语句中，正确的是（　　）。

（A）int M=9;　　　　　　　　（B）#define M 8
　　 int a[M];　　　　　　　　　　　int a[M];
（C）int a[0...8] ;　　　　　　（D）int a[];

【解析】定义数组时，[]中只能是常量表达式，因此 A、C 选项错误。数组定义时要确定数组的大小，D 选项错误。

【答案】B

4．以下程序运行的输出结果是（　　）。

```
1  #include <stdio.h>
2  #include <string.h>
3  void main()
4  {
5      char str[]="String";
6      printf("%d\n", strlen(strcpy(str,"China")));
7  }
```

（A）5　　　　（B）6　　　　（C）7　　　　（D）10

【解析】先将字符串"China"复制到数组 str 中，再求数组的长度，所以其值为 5。

【答案】A

5．设有定义：

```
1  char a[]="China";
2  char b[]={'C', 'h', 'i', 'n', 'a' };
```

则以下叙述正确的是（　　）。

（A）数组 a 和数组 b 等价　　　　　　（B）数组 a 和数组 b 的长度相同
（C）数组 a 的长度大于数组 b 的长度　（D）数组 a 的长度小于数组 b 的长度

【解析】数组 a 含有字符串结束标志，其长度为 6，而数组 b 没有字符串结束标志，其长度为 5。

【答案】C

6．以下描述中，错误的是（　　）。

（A）字符数组可以存放字符串
（B）可以用输入语句把字符串作为一个整体输入给字符数组
（C）不能在赋值语句中通过赋值运算符 "=" 对字符数组整体赋值
（D）可以用关系运算符对两个字符串进行比较

【解析】字符串比较需要调用库函数 strcmp( )。

【答案】D

7．下面程序的运行结果是（　　）。

```
1  #include <stdio.h>
2  void main()
3  {
4      char a[]="abcdef";
```

5	`a[4]='\0';`
6	`printf("%s\n",a);`
7	`}`

  （A）abcd　　　（B）bcde　　　（C）cdef　　　（D）不确定

【解析】字符数组输出时若遇到字符串结束标志，则输出结束。

【答案】A

8. 已知：int a[][3]={1,2,3,4,5,6,7,8};，则数组 a 第一维的大小是（　　）。

  （A）2　　　　（B）3　　　　（C）4　　　　（D）不确定值

【解析】在定义二维数组时如果进行了初始化，则可以省略第一维的长度，系统会自动根据所赋初值的个数推算出第一维的大小。由于数组列数为 3，则数据的划分如下：int a[][3]={{1,2,3},{4,5,6},{7,8}};，所以第一维的长度是 3。

【答案】B

9. 若有定义：int x[2][3]={0};，则下面叙述中，正确的是（　　）。

  （A）只有元素 x[0][0]可得到初值 0

  （B）数组 x 的每个元素都可得到初值 0

  （C）数组 x 中各元素都可得到初值，但其值不一定为 0

  （D）此定义语句不正确

【解析】数组初始化时，没有赋初值的元素自动取默认值，对于整型数据，默认值为 0。

【答案】B

10. 以下语句中，正确的是（　　）。

  （A）int N=3,b[N][N];

  （B）int a[1][2]={{5},{6}};

  （C）int c[2][]={{7,2},{8,4}};

  （D）int d[3][2]={{3,6},{12}};

【解析】数组下标不能为变量，A 选项错误；赋值的行数过多，B 选项错误；数组的第 2 维不能省略，C 选项错误；没有被赋值的元素自动取默认值 0，D 选项正确。

【答案】D

11. 以下定义语句中，错误的是（　　）。

  （A）char a[5]="good!";

  （B）char a[]="good!";

  （C）char a[8]="good!";

  （D）char a[5]={'g','o','o','d'};

【解析】因为字符串的末尾，系统自动添加了一个字符串结束标志'\0'，这样字符串"good!"的实际长度为 6，超出了数组的下标范围。

【答案】A

12. 以下程序的输出结果是（　　）。

| 1 | `#include <stdio.h>` |
| 2 | `void main()` |

```
3   {
4       int i,sum=0,b[4][4]={{1,2,3,4},{5,6,7,8},{8,9,10,11},{12,13,14,15}};
5       for(i=0;i<4;i++)
6           sum=sum+b[i][1];
7       printf("%d\n",sum);
8   }
```

(A) 21　　　　　(B) 30　　　　　(C) 18　　　　　(D) 26

【答案】B

13. 当执行下面程序时，如果输入 abc，则输出结果是（　　）。

```
1   #include <stdio.h>
2   #include <string.h>
3   void main()
4   {
5       char str[10]="12345";
6       gets(str);
7       strcat(str,"def");
8       printf("%s\n",str);
9   }
```

(A) abcdef　　　(B) 12345def　　(C) 12345abc　　(D) abc45def

【答案】A

14. 若有定义：int a[][3]={{1},{1,2,3},{5,6}};，则数组 a 的元素个数是（　　）。

(A) 6　　　　　(B) 9　　　　　(C) 10　　　　　(D) 不确定值

【答案】B

15. 执行下面的程序段后，变量 k 中的值为（　　）。

```
1   int k=3, a[3];
2   a[0]=2;
3   k=a[1]*k;
```

(A) 不定值　　　(B) 3　　　　　(C) 0　　　　　(D) 9

【解析】数组 a 没有初始化，其元素的初值是不确定的。

【答案】A

16. 以下语句中，与语句 float a[]={0,1,2,0,4,0}等价的是（　　）。

(A) float a[6]={0,1,2,0,4};　　　　(B) float a[]={0,1,2,0,4};
(C) float a[7]={0,1,2,0,4,0};　　　(D) float a[5]={0,1,2,0,4};

【解析】float a[]={0,1,2,0,4,0}等价于 float a[6]={0,1,2,0,4,0}，A 选项中，由于最后一个未赋值的元素的默认值为 0，因此 A 选项正确。

【答案】A

17. 以下程序的运行结果是（　　）。

```
1   #include <stdio.h>
```

```
2    void main()
3    {
4        char a[10]= "abcd";
5        printf("%d,%d\n",strlen(a),sizeof(a));
6    }
```

(A) 4,7　　　　(B) 4,8　　　　(C) 8,8　　　　(D) 4,10

【解析】本题考查了两个知识点，strlen()函数是求字符串的长度，不包括'\0'，其值为 4；而 sizeof()为长度运算符，是求数组 a 的长度，其值为 10。

【答案】D

18. 执行下列语句后，变量 y 的值是（　　）。

```
1    int x=5,y;
2    y=2.75+x/2;
```

(A) 5　　　　(B) 4.75　　　　(C) 4　　　　(D) 4.0

【解析】x/2 的结果为 2，2.75+2 的结果为 4.75，赋给整型变量 y 时，要将 4.75 转换成整型，这样 y 的值为 4。

【答案】C

19. 在 C 语言中，数组名表示（　　）。

　　(A) 数组第 1 个元素的地址　　　　(B) 数组第 2 个元素的地址
　　(C) 数组所有元素的地址　　　　　(D) 数组最后 1 个元素的地址

【答案】A

20. 以下程序的输出结果是（　　）。

```
1    #include <stdio.h>
2    void main()
3    {
4        int i,a[3][3]={0,1,2,3,4,5,6,7,8};
5        for(i=0;i<3;i++)
6            printf("%d,",a[i][2-i]);
7    }
```

(A) 1,5,9,　　　　(B) 0,4,8,　　　　(C) 2,4,6,　　　　(D) 3,6,9,

【解析】程序输出的是副对角线上的元素。

【答案】C

21. 以下程序的输出结果是（　　）。

```
1    #include <stdio.h>
2    #include <string.h>
3    void main()
4    {
5        char s[][5]={"ABCD","EFGH","IJKL","MNOP"};
6        int i;
```

```
7            for(i=1;i<3;i++)
8                printf("%s",s[i]);
9      }
```

（A）ABCDEFGH　（B）EFGHIJKL　（C）IJKLMNOP　（D）MNOP

【解析】s[1]和s[2]分别对应字符串"EFGH"和"IJKL"。

【答案】B

22．以下程序的输出结果是（　　）。

```
1   #include <stdio.h>
2   void main()
3   {
4       int b[3][3]={0,1,2,3,4,5,6,7,8},i=0,j=1;
5       printf("%d\n",b[i][b[i][j]]);
6   }
```

（A）0　　　　　（B）1　　　　　（C）2　　　　　（D）4

【解析】b[i][b[i][j]]中列下标为b[i][j]，即b[0][1]，其值为1，这样b[i][b[i][j]]等价于b[i][1]，进而b[0][1]的值为1。

【答案】B

23．以下关于C语言中数据类型的使用，错误的叙述是（　　）。

（A）字符型变量只能保存一个字符

（B）若要处理的数据对精度要求很高，应使用双精度类型

（C）若要处理类似"人员信息"这种包含多种信息的数据，应采用结构体类型

（D）若只处理"真"和"假"两种逻辑值，应使用逻辑类型

【解析】C语言的数据类型中没有逻辑类型，通常采用整型变量来保存逻辑值，用1表示"真"，用0表示"假"。

【答案】D

24．已知字符"A"的ASCII码值是65，并有如下定义：

```
1   struct person
2   {
3       char name[10];
4       int age;
5   }classes[10]={{"LiMing",29},{"HongGang",21},{"WangFang",22}};
```

下述表达式中，值为72的是（　　）。

（A）classes[0]->age+classes[1]->age+classes[2]->age

（B）classes[1].name[0]

（C）classes[1].name[5]

（D）classes->name[5]

【解析】本题考核对结构体数组中结构体成员的使用。A、D选项存在语法错误；72是字符"H"的ASCII码值，结构体数组classes中，第2个学生的姓名的第1个字符是"H"。

【答案】 B

25. 设有定义：struct {char name[12]; int a; double b;}t1,t2;，且变量均已被正确赋值，则以下语句中错误的是（　　）。

　　（A）t1=t2;　　　　　　　　　　　　（B）t2.a=t1.a;
　　（C）t2.name=t1.name;　　　　　　　（D）t2.b=t1.b;

【解析】 同类型的结构体变量之间可以相互赋值，所以 A 选项正确；如果结构体变量成员的数据类型为基本类型，则可以像普通变量一样被使用，所以 B、D 选项正确；成员 name 是数组名，是常量，不能被赋值，所以 C 选项错误。

【答案】 C

二、编程题

1. 编程产生一个 10×10 的方阵，要求该方阵副对角线上的元素均为 2，其余元素均为 0，输出该方阵。

编程思路：在 N×N 方阵中，主对角线上的数组元素满足：行标=列标；副对角线上的数组元素满足：行标+列标=N-1。

【程序代码】

```
1   #include <stdio.h>
2   void main()
3   {
4       int j,i;
5       int a[10][10]={0};
6       for(i=0;i<10;i++)
7           a[i][9-i]=2;
8       for(i=0;i<10;i++)
9       {
10          for(j=0;j<10;j++)
11              printf("%d ",a[i][j]);
12          printf("\n");
13      }
14  }
```

2. 从键盘输入一个字符串和一个整数（m），编程移动字符串中的字符，移动规则如下：把第 1 到第 m 个字符，平移到字符串的后部，把第 m+1 到字符串末尾的字符平移到字符串的前部。例如，字符串为 abcdefghi，m 的值为 4，移动后的结果为 efghiabcd。

【程序代码】

```
1   #include <stdio.h>
2   #include <string.h>
3   void main()
4   {
5       char t[80],a[80];
6       int i,j=0,m;
7       printf("请输入字符串:");
```

```
8         gets(a);
9         printf("请输入平移量:");
10        scanf("%d",&m);
11        for(i=0;i<m;i++)
12            t[i]=a[i];                    //1~m 的字符放入数组 t 中
13        for(i=0;i<(strlen(a))-m;i++)      //m 以后的字符前移
14            a[i]=a[i+m];
15        for(j=0;j<m;j++)
16        {
17            a[i]=t[j];                    //t 数组中的值放在数组 a 后面
18            i++;
19        }
20        a[i]='\0';                         //添加结束标志
21        printf("移动后的结果为:\n");
22        puts(a);
23   }
```

3. 设某班级每位同学有 3 门课程的考试成绩，采用二维数组编程实现从键盘输入每个同学的成绩，并计算其平均成绩后输出。

【程序代码】

```
1    #include <stdio.h>
2    #define MAX 100                        //定义本学生成绩数组可接受的最多人数
3    void main()
4    {
5        int i,j,n;
6        float grade[MAX][4];
7        printf("请输入学生人数：");
8        scanf("%d",&n);
9        for(i=0;i<n;i++)
10       {
11           printf("请输入第%d 个学生的 3 门课的分数：",i+1);
12           for(j=0;j<3;j++)                //逐一输入第 i 个学生的成绩
13               scanf("%f",&grade[i][j]);
             //计算第 i 个学生的平均成绩
14           grade[i][3]=(grade[i][0]+grade[i][1]+grade[i][2])/3;
15       }
16       printf("序号\t 课程 1\t 课程 2\t 课程 3\t 平均成绩\n");
17       for(i=0;i<n;i++)
18           printf("%d\t%.1f\t%.1f\t%.1f\t%.1f\n",i+1,
19                  grade[i][0],grade[i][1],grade[i][2],grade[i][3]);
20   }
```

4. 编程实现从键盘输入两个字符串，比较两者的长度，并输出较长的字符串。要求：不能调用库函数 strlen( )。

【程序代码】

```
1   #include <stdio.h>
2   void main()
3   {
4       char a[20],b[20],n1,n2,i;
5       printf("请输入第一个字符串:");
6       gets(a);
7       printf("请输入第二个字符串:");
8       gets(b);
9       for(i=0;a[i]!='\0';i++);        //统计第1个字符串的长度
10          n1=i;
11      for(i=0;b[i]!='\0';i++);        //统计第2个字符串的长度
12          n2=i;
13      if(n1>n2)
14          printf("较长的字符串是:%s\n",a);
15      else
16          printf("较长的字符串是:%s\n",b);
17  }
```

5. 编程实现从键盘输入一个字符串和一个字符，统计该字符串中指定字符出现的次数。

【程序代码】

```
1   #include <stdio.h>
2   #include <string.h>
3   void main()
4   {
5       char str[100],c;
6       int i=0,count=0;
7       printf("请输入一个字符串：");
8       gets(str);
9       printf("请输入指定的查找字符：");
10      scanf("%c",&c);
11      while(str[i])           //该循环用于扫描字符数组
12      {
13          if(str[i]==c)
14              count++;
15          i++;
16      }
17      printf("%d\n",count);
18  }
```

6. 编程实现从键盘输入一个字符串，统计该字符串中从"a"到"z" 26 个小写字母各自出现的次数，将结果存入数组中，并输出。

【程序代码】

```
1    #include <stdio.h>
2    #include <string.h>
3    #define N 100
4    void main()
5    {
6        int i,j=0,c[26]={0};
7        char str[N];
8        printf("请输入一个字符串: ");
9        gets(str);
10       for(i=0;i<strlen(str);i++)          //外循环扫描字符数组
11           for(j=0;j<26;j++)
12               if(str[i]=='a'+j)
13               {
14                   c[j]++;
15                   break;
16               }
17       for(i=0;i<26;i++)
18           printf("%c-%d ",'a'+i,c[i]);    //输出字母 a~z 及其出现的次数
19   }
```

7. 编程实现从键盘输入一个字符串，将其中下标为偶数且 ASCII 码值也为偶数的字符存放到另一个字符数组中，并输出。

【程序代码】

```
1    #include <stdio.h>
2    #include <string.h>
3    void main()
4    {
5        char str[100],s[100];
6        int i,len,j=0;
7        printf("请输入一个字符串: ");
8        scanf("%s",str);
9        len = strlen(str);
10       for(i=0;i<len;i=i+2)              //对下标为偶数的元素进行处理
11           if(str[i]%2==0)               //ASCII 码值为偶数
12           {
13               s[j]=str[i];
14               j++;
15           }
16       s[j]='\0';
17       printf("%s\n",s);
18   }
```

8. 编程实现从键盘输入一个字符串，删除字符串中的前导空格，中间和尾部的空格不删除。例如，字符串为："   A BC DEF"，删除后的结果是"A BC DEF"。

【程序代码】

```
1   #include <stdio.h>
2   #include <string.h>
3   void main()
4   {
5       char a[100],b[100];
6       int i=0,j=0;
7       printf("请输入一个前面带空格的字符串:");
8       gets(a);
9       strcpy(b,a);           //复制字符串a到字符串b中
10      while(b[i]==' ')       //跳过字符串b前部的空格
11          i++;
12      while(b[i]!='\0')      //当不是结束符时，复制b中的字符到a中
13      {
14          a[j]=b[i];
15          j++;
16          i++;
17      }
18      a[j]='\0';             //末尾添加字符串结束符'\0'
19      printf("删除前导空格后的结果为:");
20      puts(a);
21  }
```

9. 编程实现从键盘输入一个字符串和一个字符，删除该字符串中所有指定的字符，将结果保存到一个新的字符串中，并输出。

【程序代码】

```
1   #include <stdio.h>
2   #include <string.h>
3   void main()
4   {
5       char str[100],s[100],c;
6       int i=0,j=0;
7       printf("请输入一个字符串:");
8       gets(str);
9       printf("请输入指定的字符：");
10      scanf("%c",&c);
11      while(str[i]!='\0')
12      {
13          if(str[i]!=c)      //判断是否为指定的字符
14          {
```

```
15              s[j]=str[i];
16              j++;
17          }
18          i++;
19      }
20      s[j]='\0';              //末尾添加字符串结束符'\0'
21      printf("%s\n",s);
22  }
```

第 6 章 函数

6.1 课后习题解答

一、单项选择题

1. 以下叙述中，错误的是（   ）。
   （A）C 语言程序必须由一个或多个函数组成
   （B）函数调用可以作为一条独立的语句
   （C）函数形参值的改变一定会影响到其所对应的实参值
   （D）若函数有返回值，则需要通过 return 语句返回

   【答案】C

2. 以下有关函数的叙述中，正确的是（   ）。
   （A）函数定义不能嵌套，但函数调用可以嵌套
   （B）函数定义与调用都能嵌套
   （C）函数定义可以嵌套，但函数调用不能嵌套
   （D）函数定义与调用都不能嵌套

   【答案】A

3. 以下所列的各函数首部中，正确的是（   ）。
   （A）double f(int a,int b)   （B）double f(int a;int b)
   （C）double f(int a,int b);   （D）double f(int a,b);

   【答案】A

4. C 语言程序中，函数如果没有返回值，则定义该函数时，返回值类型应设为（   ）。
   （A）void   （B）int   （C）float   （D）double

   【答案】A

5. 以下关于 return 语句的叙述中，正确的是（   ）。
   （A）一个自定义函数中必须有一条 return 语句
   （B）一个自定义函数中可以根据需要设置多条 return 语句
   （C）定义成 void 类型的函数中可以有带返回值的 return 语句
   （D）没有 return 语句的自定义函数在执行结束后不能返回到调用处

   【解析】void 类型的函数不需要返回值，即不需要 return 语句，所以 A、C 选项都不正确；

有无 return 语句，自定义函数调用结束后都要返回到调用处，继续执行后面的语句，所以 D 选项错误。

【答案】B

6. 以下函数 f() 的返回值的类型是（　　）。

```
1  int f(float a)
2  {
3      return a+1;
4  }
```

（A）单精度型　　　（B）双精度型　　　（C）空类型　　　（D）整型

【解析】return 语句中表达式的类型一般应该与函数首部的返回值类型一致。如果两者不一致，则以函数首部的返回值类型为准，用系统自动进行类型转换。

【答案】D

7. 下面关于函数调用的叙述中，正确的是（　　）。
（A）函数的实参和对应的形参共占同一存储单元
（B）形参只是形式上的参数，不占用具体存储单元
（C）调用函数时，实参可以是表达式
（D）函数的实参和对应的形参，如果名称相同，则它们共占同一存储单元

【解析】当函数被调用时，系统为形参分配内存空间。无论形参与实参的名称是否相同，它们都各自占用自己的存储空间。

【答案】C

8. 如果实参为变量，则它与形参之间的数据传递方式是（　　）。
（A）地址传递
（B）从实参到形参的单向值传递
（C）由用户指定传递方式
（D）实参值传给形参，形参值再传回给实参

【答案】B

9. 函数和变量的定义如下：

```
1  void f(int m,double n)
2  { … }
3  int x=5,k;
4  double y=2.4;
```

则正确的函数调用语句是（　　）。

（A）f(int x,double y);　　　（B）f(x,y);
（C）k=f(5,2.4);　　　　　　（D）void f(x,y);

【解析】由于函数返回值的类型为 void，所以 C 选项错误。

【答案】B

10. 若用数组名作为函数实参，则传递给形参的是（　　）。
（A）数组第一个元素的值　　　（B）数组的首地址
（C）数组全部元素的值　　　　（D）数组元素的个数

【答案】B

11. 以下对函数形参的说明中，有语法错误的是（　　）。
    （A）int y(float x[],int n)　　　　　　（B）int y(int x,int n)
    （C）int y(float x,n)　　　　　　　　（D）int y(float x,int n)

【解析】 必须单独说明各个形参的类型。

【答案】 C

12. 以下程序有语法错误，有关错误原因的正确说法是（　　）。

```
1  void main()
2  {
3      int F=5,k;
4      void f_c(int);
5      k=f_c(F);
6  }
7  void f_c(int x)
8  { … }
```

（A）函数声明和函数调用语句之间有矛盾
（B）变量名不能使用大写字母
（C）语句 void f_c(int);是函数调用语句
（D）函数名不能使用下画线

【解析】 在程序中声明了 f_c( ) 函数是 void 类型且无参数，这与函数调用语句 k=f_c(F);矛盾。

【答案】 A

13. 下列关于函数声明的说法中，不正确是（　　）。
    （A）如果函数定义出现在函数调用之前，可以省略函数声明
    （B）如果调用之前已在主调函数外部进行了函数声明，则调用时不必再作函数声明
    （C）标准库函数只需要包含相应的头文件即可，不需要再进行函数声明
    （D）自定义函数在调用之前，必须进行函数声明，否则编译会出错

【答案】 D

14. 未指定存储类别的局部变量，其存储类别默认是（　　）。
    （A）auto　　　　（B）static　　　　（C）extern　　　　（D）register

【答案】 A

15. 以下叙述中，不正确的是（　　）。
    （A）在不同函数中可以使用相同的变量名
    （B）形式参数是局部变量
    （C）在函数内定义的变量只在本函数内有效
    （D）在函数内复合语句中定义的变量在本函数内有效

【解析】 在函数内复合语句中定义的变量仅在复合语句中有效

【答案】 D

16. 在一个源程序文件中定义的全局变量，其默认的有效范围是（　　）。
    （A）本源程序文件的全部范围
    （B）所有源程序文件

（C）从定义变量的位置开始到源程序文件结束
（D）在整个 main() 函数内

【答案】C

17. 以下程序的运行结果是（　　）。

```
1   void f1(int a, int b)
2   {
3     int t;
4     t=a; a=b; b=t;
5   }
6   void main()
7   {
8       int c[10]={1,2,3,4,5,6,7,8}, i;
9       for (i=0; i<8; i++)
10        f1(c[i], c[i+1]);
11      for (i=0; i<8; i++)
12        printf("%d,", c[i]);
13      printf("\n");
14  }
```

（A）8,1,2,3,4,5,6,7,
（B）2,1,4,3,6,5,8,7,
（C）8,7,6,5,4,3,2,1,
（D）1,2,3,4,5,6,7,8,

【解析】数组元素作为函数实参，是按值传递的。第 1 次调用函数：将数组第 1、2 个元素传递给形参 a、b，两个形参交换数据；第 2 次调用函数：将数组第 2、3 个元素传递给形参 a、b，两个形参交换数据……但在函数中形参值的改变并不会影响实参，所以在 main() 函数中输出数组的值依旧是原来的值。

【答案】D

18. 以下程序运行时，如果从键盘上输入 I am a student↵，则程序的输出结果是（　　）。

```
1   #include <stdio.h>
2   void fun(char c[])
3   {
4       int i=0;
5       while(c[i])
6       {
7           if(c[i]>='a'&&c[i]<='z')
8             c[i]=c[i]-('a'-'A');
9           i++;
10      }
11  }
12  void main()
13  {
14      char s[81];
15      gets(s);
```

```
16        fun(s);
17        puts(s);
18    }
```

(A) i am a student　　　　　　　(B) I AM A STUDENT
(C) I Am A Student　　　　　　　(D) i Am a Student

【解析】程序中采用字符数组作为函数的参数。if条件语句用来判断数组中的字符是否为小写字母,是则将其转换为大写字母。大小写字母的ASCII码值相差32,即'a'-'A'=32,所以c[i]-('a'-'A')是将小写字母转换成大写字母。

【答案】B

19. 已知字母A的ASCII码值是65,以下程序运行后的结果是(　　)。

```
1     #include <stdio.h>
2     void fun(char s[])
3     {
4         int i=0;
5         while(s[i])
6         {
7             if(s[i]%2)
8                 printf("%c",s[i]);
9             i++;
10        }
11    }
12    void main()
13    {
14        char a[]="ABCD";
15        fun(a);
16        printf("\n");
17    }
```

(A) AC　　　　(B) AB　　　　(C) BC　　　　(D) CD

【解析】程序中采用字符数组作为函数的实参,if条件语句用来判断数组元素的值是否能被2整除,并输出不能被2整除的字符。当数组元素为字符时,实际上就是判断字符的ASCII码值是否能被2整除。A、B、C、D的ASCII码值分别为65、66、67和68。

【答案】A

20. 以下程序的运行结果是(　　)。

```
1     #define N 4
2     #include <stdio.h>
3     void f(int a[][N], int b[])
4     {
5         int i;
6         for(i=0;i<N;i++)
7             b[i]=a[i][i];
```

```
8      }
9      void main()
10     {
11         int x[][N]={{1,2,3},{4,5,6},{7,8,9},{10,11,12,13}};
12         int y[N],i;
13         f(x,y);
14         for (i=0; i<N; i++)
15           printf("%d,", y[i]);
16         printf("\n");
17     }
```

（A）1,5,9,13,　　　　　　　　（B）1,2,3,4,
（C）4,5,9,11,　　　　　　　　（D）4,8,10,12,

【解析】数组名作为函数参数时，是按地址方式传递数据，形参值的改变会影响到实参。函数 f()中数组 b 的元素为数组 a 的主对角线元素，即 b[0]=a[0][0]、b[1]=a[1][1]、…、b[3]=a[3][3]。在 main()函数中，根据给数组 x 的赋值可知，x[0][0]=1，x[1][1]=5，x[2][2]=9，x[3][3]=13，这些元素传递给对应的形参数组 a[][]。所以数组 b 的值分别为 1、5、9、13。

【答案】A

二、编程题

1. 编写函数，求 1+2+3+…+n 的值。要求在主函数中输入 n 的值，并输出结果。

【程序代码】

```
1    #include <stdio.h>
2    void main()
3    {
4        int sum(int k);              //函数声明
5        int n,s;
6        printf("请输入 n 的值:");
7        scanf("%d",&n);
8        s=sum(n);                    //调用函数
9        printf("sum=%d\n",s);
10   }
11   int sum(int k)                   //定义函数
12   {
13       int i,s=0;
14       for(i=1;i<=k;i++)
15           s=s+i;
16       return s;                    //返回结果
17   }
```

2. 编写函数，计算以下表达式的值。要求在主函数中输入 x 的值，并输出结果。

$$y = \begin{cases} x^2 - 2x + 1 & (x < 0) \\ x^3 + x + 3 & (x \geq 0) \end{cases}$$

【程序代码】

```
1   #include <stdio.h>
2   void main()
3   {
4       float x;
5       float y(float x);                              //函数声明
6       printf("请输入 x 的值:");
7       scanf("%f",&x);
8       printf("x=%.2f,y=%.2f\n",x,y(x));              //在 printf()中调用函数 y
9   }
10  float y(float x)                                   //函数定义
11  {
12      if(x<0)
13          return(x*x-2*x+1);                         //返回结果
14      else
15          return(x*x*x+x+3);                         //返回结果
16  }
```

3. 编写函数 min(x,y,z)，求 3 个整数中的最小值，并利用该函数求 5 个整数中的最小值。要求在主函数中输入 5 个整数，并输出结果。

【程序代码】

```
1   #include <stdio.h>
2   void main()
3   {
4       int x,y,z,m,n,min1,min2;
5       int min(int a,int b,int c);                    //函数声明
6       printf("请输入 5 个整数:");
7       scanf("%d%d%d%d%d",&x,&y,&z,&m,&n);
8       min1=min(x,y,z);                               //调用函数
9       min2=min(min1,m,n);                            //调用函数
10      printf("5 个整数的最小值为: %d\n",min2);
11  }
12  int min(int a,int b,int c)                         //函数定义
13  {
14      int min;
15      min=a;
16      if (b<min) min=b;
17      if (c<min) min=c;
18      return min;                                    //返回结果
19  }
```

4. 编写函数，判断一个数是否为素数，在主函数中调用该函数输出 100 以内的全部素数。

【程序代码】

```
1   #include <stdio.h>
2   #include <math.h>
3   void main()
4   {
5       int m,i;
6       i=0;                                    //记录素数的个数
7       int isprime(int m);                     //函数声明
8       for(m=2;m<=100;m++)
9       {
10          if(isprime(m))                      //调用函数,判断m是否为素数
11          {
12              printf("%2d",m);                //如果是素数,输出其值
13              i++;                            //累加素数个数
14              if(i%5==0) printf("\n");        //每行输出5个数,换行
15          }
16      }
17      printf("\n");
18  }
    //定义函数,判断一个数是否为素数,如果是返回值1,否则返回0
19  int isprime(int m)
20  {
21      int k,n;
22      n=sqrt((double)m);
23      for(k=2;k<=n;k++)
24          if(m%k==0)  return 0;
25      return 1;
26  }
```

5. 编写两个函数，分别求两个整数的最大公约数和最小公倍数，在主函数中输入两个整数，调用它们后输出结果。

【程序代码】

```
1   #include <stdio.h>
2   void main()
3   {
4       int fgcd(int a,int b);
5       int flcd(int a,int b);
6       int a,b,gcd,lcd;
7       printf("请输入两个整数:");
8       scanf("%d%d",&a,&b);
9       gcd=fgcd(a,b);
10      lcd=flcd(a,b);
11      printf("最大公约数:%d, 最小公倍数:%d\n",gcd,lcd);
12  }
13  int fgcd(int a,int b)
```

```
14   {
15       //根据最大公约数的定义，最大公约数应该在1～min(a,b)之间
16       //因为求最大，所以从大往小求。
17       int i;
18       for(i=(a>b?b:a);i>1;i--)          //i的初值为a和b两数中的较小值
19       {
20           if(a%i==0&&b%i==0)
21               break;
22       }
23       return i;//若a、b均为素数，最大公约数为1，循环的结束条件是i==1
24   }
25   int flcd(int a,int b)
26   {
27       //根据最小公倍数的定义，最小公倍数应该在max(a,b)～a×b之间
28       //因为求最小，所以从小往大求。
29       int i;
30       for(i=(a>b?a:b);i<a*b;i++)        //i的初值为a和b两数中的较大值
31       {
32           if(i%a==0&&i%b==0)
33               break;
34       }
35       return i;
36   }
```

由于最小公倍数=a×b/最大公约数，所以求最小公倍数也可以采用下面的函数：

```
1   int flcd(int a,int b)
2   {
3       return a*b/fgcd(a,b);
4   }
```

6. 编写一个函数 f()，用来求n个a（即aa…a）的值。在主函数中输入两个正整数a和n，调用函数f()，求a+aa+aaa+…+aa…a（n个a）的值，并输出结果。

【程序代码】

```
1   #include <stdio.h>
2   int f(int a,int n)
3   {
4       int i,t=0;
5       for(i=1;i<=n;i++)
6           t=10*t+a;                    //求aa…a(n个a)
7       //t的初值为0，第1次循环 t=a；
8       //第2次循环，t=10×a+a=aa，依次类推
9       return t;
10  }
```

11	void main()
12	{
13	int a,n,i,s=0;
14	printf("请输入两个整数(a n):");
15	scanf("%d%d",&a,&n);
16	for(i=1;i<=n;i++)
17	s=s+f(a,i); //累加
18	printf("结果为: %d\n",s);
19	}

7. 编写函数 power( )，用来求 n^k 的值。在主函数中输入两个正整数 n 和 k，调用函数 power( )，求 $1^k+2^k+3^k+\cdots+n^k$ 的值，并输出结果。

【程序代码】

1	#include <stdio.h>
2	int power(int i,int k) //求一个数的 k 次方
3	{
4	int j,f=1;
5	for(j=1;j<=k;j++)
6	f=f*i;
7	return f;
8	}
9	void main()
10	{
11	int n,k,i,s=0;
12	printf("请输入 n 与 k 的值");
13	scanf("%d%d",&n,&k);
14	for(i=1;i<=n;i++)
15	s=s+power(i,k);
16	printf("所求式子之和为:%d \n",s);
17	}

8. 编写函数 max(int a[])，用来求数组 a 中元素的最大值。在主函数中定义一个数组，并输入其元素值，然后调用函数 max( )，输出该数组中元素的最大值。

【程序代码】

1	#include <stdio.h>
2	#define N 10
3	int max(int a[])
4	{
5	int i,max1;
6	max1=a[0];
7	for(i=1;i<N;i++)
8	if(a[i]>max1) max1=a[i];
9	return max1;

10	`}`
11	`void main()`
12	`{`
13	`    int i,b[N];`
14	`    for (i=0;i<N;i++)`
15	`        scanf("%d",&b[i]);`
16	`    printf("max=%d\n",max(b));`
17	`}`

9. 编写一个采用冒泡法对 n 个数由小到大进行排序的函数。在主函数中输入 n 的值及 n 个数，然后调用自定义函数，输出排序结果。

【程序代码】

1	`#include <stdio.h>`
2	`void main()`
3	`{`
4	`    int j,n,a[50];`
5	`    void sort(int a[],int n);`
6	`    printf("请输入元素个数n: ");`
7	`    scanf("%d",&n);`
8	`    printf("请输入n个元素的值：");`
9	`    for(j=0;j<n;j++)`
10	`        scanf("%d",&a[j]);`
11	`    sort(a,n);                          //调用函数`
12	`    for(j=0;j<n;j++)`
13	`        printf("%d\t",a[j]);`
14	`}`
15	`void sort(int a[],int n)`
16	`{`
17	`    int i,j,temp;`
18	`    for(i=1;i<=n-1;i++)                 //进行比较的轮数`
19	`    {`
20	`        for(j=0;j<n-i;j++)              //每一轮数比较的次数`
21	`            if (a[j]>a[j+1])`
22	`            {`
23	`                temp=a[j];`
24	`                a[j]=a[j+1] ;`
25	`                a[j+1]=temp;`
26	`            }`
27	`    }`
28	`}`

10. 编写一个函数，用来统计一行字符中单词的个数，单词之间用空格分开。在主函数中输入一行字符，然后调用自定义函数，输出统计结果。

【程序代码】

```
1   #include <stdio.h>
2   void main()
3   {
4       char str[1000];
5       int count(char ch[]);              //声明函数
6       printf("请输入一个字符串(<1000个字符):");
7       gets(str);                          //获取字符串
8       printf("原字符串为:");
9       puts(str);                          //输出字符串
10      printf("单词的个数是:%d\n",count(str));//调用函数
11  }
12  int count(char ch[])                    //定义函数
13  {
14      int i;
15      int m=0;                            //m为统计单词个数
16      int flag=1;                         //标志是否为新单词,开始置1
17      for(i=0;ch[i]!='\0';i++)
18      {
19          if(ch[i]==' ')
20              flag=1;
21          else if(flag==1)
22          {
23              flag=0;
24              m++;
25          }
26      }
27      return m;
28  }
```

【运行结果】

请输入一个字符串（<1000个字符）：I am a student↙
原字符串为：I am a student
单词的个数是：4

【解析】 程序将统计单词个数编写成一个函数。函数中变量 m 为单词计数器，flag 为标志变量，用以标识是否出现新单词（空格后出现第 1 个字母时表示出现新单词）。开始时将 flag 置为 1，表示只要出现一个字母就是一个新单词，对 m 加 1，并将标志 flag 改为 0，表示接着的字母不是一个新单词。当出现空格时，再将 flag 置为 1，以后一旦出现一个字母就又是一个新单词。调用函数时，实参数组 str[] 的首地址被传递给形参数组 ch[]，两个数组共占相同的内存单元。

11. 编写一个函数，用来将一个二维数组（M×N）转置。在主函数中输入一个二维数组（M×N），调用自定义函数后，在主函数中输出结果。

【程序代码】

```
1   #include <stdio.h>
2   #define M 3
3   #define N 4
4   void convert(int a[][N],int b[][M])
5   {
6       int i,j;
7       for(i=0;i<M;i++)                    //矩阵转置
8           for(j=0;j<N;j++)
9               b[j][i]=a[i][j];
10  }
11  void main()
12  {
13      int i,j,a[M][N],b[N][M];
14      printf("请输入数组各元素:");
15      for(i=0;i<M;i++)
16          for(j=0;j<N;j++)
17              scanf("%d",&a[i][j]);
18      convert(a,b);                       //转置矩阵由数组b带回
19      printf("转置后数组的值:\n");
20      for(i=0;i<N;i++)
21      {
22          for(j=0;j<M;j++)
23              printf("%5d",b[i][j]);
24          printf("\n");
25      }
26  }
```

12. 编写一个求Fibonacci数列某一项的递归函数，在主函数中输入n，调用自定义函数后，输出Fibonacci数列的前n项。Fibonacci数列是这样的数列：数列的第1个数为0，第2个数为1，以后每个数为其前两数之和，即0,1,1,2,3,5,8,13,…,n。

编程思路：

可用以下递归式求Fibonacci数列的第 i 项：

$$f(i) = \begin{cases} 0 & (i=1) \\ 1 & (i=2) \\ f(i-1)+f(i-2) & (i>2) \end{cases}$$

【程序代码】

```
1   #include <stdio.h>
2   int fib(int k)                          //定义函数
3   {
4       int f;
5       if(k==1)
6           f=0;
7       else if(k==2)
```

```
8              f=1;
9         else
10             f=fib(k-1)+fib(k-2);        //递归调用函数
11        return f;                        //返回结果
12    }
13    void main()
14    {
15        int n,i;
16        printf("请输入Fibonacci数列的项数：");
17        scanf("%d",&n);
18        for(i=1;i<=n;i++)
19            printf("%d ",fib(i));        //调用函数
20    }
```

6.2 等考模拟试题

一、单项选择题

1. 函数 f() 的数据类型是（　　）。

```
1    f(int q)
2    {
3        float y;
4        y=12*q+1;
5        return y;
6    }
```

（A）不确定的值　　　　（B）int　　　（C）void　　　（D）float

【解析】如果函数定义时未指定数据类型，默认为 int。

【答案】B

2. 以下说法中，正确的是（　　）。

　　（A）C 语言程序总是从第 1 个函数开始执行
　　（B）C 语言程序中，要调用的函数必须在主函数前定义
　　（C）C 语言程序主函数必须放在最前面
　　（D）C 语言程序总是从主函数开始执行

【答案】D

3. 在 C 语言中，只有在使用时才占用内存单元的变量的存储类型是（　　）。

　　（A）static 和 register　　　　　　（B）extern 和 static
　　（C）auto 和 static　　　　　　　（D）auto 和 register

【解析】static 属静态存储方式，由系统在程序运行期间分配固定空间，占用空间直到程序运行结束才释放。auto 属动态存储方式，用之则建，用完即释放空间。register 与 auto 相似，但该类型的变量存储在寄存器中，而非内存中。

【答案】D

4. 设函数中有整型变量 n, 在未赋值的情况下其初值为 0, 则该变量的存储类别是（　　）。
   （A）auto　　　　　　　　（B）register
   （C）static　　　　　　　　（D）auto 或 register

【解析】对于 static 存储类别的整型变量, 编译时系统自动赋初值 0; 而对于 auto 和 register 存储类别的整型变量, 如果没有赋初值, 其初值是不确定的。

【答案】C

5. 以下程序的运行结果是（　　）。

```
1   #include <stdio.h>
2   char fun(char a,int b)
3   {
4       char k;
5       k=a+b;
6       return k;
7   }
8   void main()
9   {
10      char a='A';
11      int b=10;
12      a=fun(a,b);
13      putchar(a);
14  }
```

　　（A）K　　　　（B）L　　　　（C）A　　　　（D）J

【解析】大写字母 A 的 ASCII 码值是 65, 其值加 10, 为大写字母 K 的 ASCII 码值, 所以 putchar( )函数输出大写字母 K。

【答案】A

6. 以下程序的运行结果是（　　）。

```
1   #include <stdio.h>
2   double fun(int a,int b,int c)
3   {
4       double s;
5       s=a%b*c;
6       return s;
7   }
8   void main()
9   {
10      int a=2,b=3,c=5;
11      float d;
12      d=fun(a,b,c);
13      printf("%f\n",d);
```

```
14    }
```

　　（A）10.000000　　　　　（B）2.000000　　　（C）2　　　　　　　（D）10

【解析】 %、*运算优先级相同，a%b*c 从左至右进行运算。

【答案】 A

7. 以下程序用来计算函数 f(x,y,z)=(x+y)/(x-y)+(z+y)/(z-y)的值，请填空（　　）。

```
1    #include <stdio.h>
2    float f(float a, float b)
3    {
4        float s;
5        s=(   );
6        return s;
7    }
8    void main()
9    {
10       float x,y,z;
11       float d;
12       scanf("%f%f%f",&x,&y,&z);
13       d=f(x+y,x-y)+f(z+y,z-y);
14       printf("%f\n",d);
15   }
```

　　（A）(a+b)/(a-b)　　　（B）a/b　　　（C）(a-b)/(a+b)　　　（D）b/a

【解析】 根据题目给定的函数式及 main()函数中调用函数时的实参，可知 B 选项正确。

【答案】 B

8. 以下程序的运行结果是（　　）。

```
1    #include <stdio.h>
2    #define M 5
3    int a[M];
4    void f2()
5    {
6        int a[M],i,n;
7        n=3;
8        for(i=0;i<n;i++) a[i]=i;
9    }
10   void f1()
11   {
12       for(int i=0;i<M;i++) a[i]=i+i;
13   }
14   void f3(int a[])
15   {
16       int i;
17       for(i=0;i<M;i++) printf("%d ",a[i]);
```

```
18          printf("\n");
19      }
20  void main()
21  {
22      f1();
23      f3(a);
24      f2();
25      f3(a);
26  }
```

(A) 0 2 4 6 8　　　　　　(B) 0 1 2
　　0 1 2　　　　　　　　　0 2 4 6 8
(C) 0 1 2 3 4 5　　　　　(D) 0 2 4 6 8
　　0 1 2　　　　　　　　　0 2 4 6 8

【解析】调用函数 f1()，给数组赋值，全局数组 a[M]获取了值。调用函数 f3(a)，输出结果为 0 2 4 6 8。调用函数 f2()，给数组 a[]赋值为 0、1、2，但其是局部数组，只在 f2()函数体中有效，不会改变全局数组的值。调用函数 f3(a)，输出的仍是全局数组 a[]的值，即 0 2 4 6 8。

【答案】D

9. 以下程序的运行结果是（　　）。

```
1   #include <stdio.h>
2   int a(int x);
3   void main()
4   {
5       int n=0,m;
6       m=a(a(a(n)));
7       printf("%d\n",m);
8   }
9   int a(int x)
10  {
11      return (x+1);
12  }
```

(A) 0　　　(B) 1　　　(C) 2　　　(D) 3

【解析】第 1 次调用的是最内层 a(n)，即 a(0)，返回值为 1；第 2 次调用的是中间层，即 a(1)，返回值为 2；最后调用的是最外层，即 a(2)，返回值为 3。

【答案】D

10. 以下程序的运行结果是（　　）。

```
1   #include <stdio.h>
2   float f1(float a)
3   {
4       return a*=a;
5   }
```

```
6        int f2(float x,float y)
7        {
8            float a=0,b=0;
9            a=f1(x);
10           b=f1(y);
11           return (int)(a+b);
12       }
13       void main()
14       {
15           float k;
16           k=f2(1.1,2.0);
17           printf("%.1f\n",k);
18       }
```

  (A) 5.2   (B) 5.0   (C) 5   (D) 0.0

【解析】 main()函数调用函数 f2()时，参数 x、y 的值分别为 1.1 和 2.0。函数 f2()调用函数 f1()，a=f1(1.1)=1.1×1.1=1.21，b=f1(2.0)=2.0×2.0=4.0，a+b=5.21，取整后即为 5，赋给变量 k。由于变量 k 的数据类型为单精度型，所以答案 5.0 正确。

【答案】 B

11．以下程序的运行结果是（　　）。

```
1    #include <stdio.h>
2    int fun(int n)
3    {
4        return(n/10+n%10);
5    }
6    void main()
7    {
8        int k,i=1234;
9        k=fun(fun(fun(i)));
10       printf("%d\n",k);
11   }
```

  (A) 10   (B) 19   (C) 123   (D) 127

【解析】 i=1234。第 1 次执行最内层函数：fun(1234)=1234/10+1234%10=123+4=127。第 2 次执行中间层函数：fun(127)=127/10+127%10=19。第 3 次执行最外层函数：fun(19)=19/10+19%10=10。

【答案】 A

12．以下程序的运行结果是（　　）。

```
1    #include <stdio.h>
2    int f1(int x,int y)
3    {
4        return((y-x)*x);
```

```
 5      }
 6      void main()
 7      {
 8          int x=5,y=6,z=7,k;
 9          k=f1(f1(x,y),f1(x,z));
10          printf("%d\n",k);
11      }
```

(A) 25   (B) 10   (C) 7   (D) 6

【解析】第 1 次调用函数 f1(5,6)时，返回值为 5。第 2 次调用函数 f1(5,7)时，返回值为 10。最后一次调用函数 f1(5,10)时，返回值为 25。

【答案】A

13. 以下程序的运行结果是（   ）。

```
 1      #include <stdio.h>
 2      #include <ctype.h>
 3      void f(char a[])
 4      {
 5          int i=1;
 6          while(a[i])
 7          {
 8              if(a[i]==' '&&isupper(a[i-1]))
 9                  a[i-1]=a[i-1]+'a'-'A';
10              i++;
11          }
12      }
13      void main()
14      {
15          char s[100]="AB CD EFG! ";
16          f(s);
17          printf("%s\n",s);
18      }
```

(A) ab cd EFG!   (B) aB cD EFG!
(C) Ab Cd EFG!   (D) ab cd EFg!

【解析】函数 f()中，if 条件语句用来判断数组元素的值，如果它是空格且其前一个字符是大写字母，则将空格前的大写字母转换成小写字母。所以要转换的字母只是空格前的一个大写字母，即字母 B 和 D。

【答案】C

14. 以下程序的运行结果是（   ）。

```
 1      #include <stdio.h>
 2      void f(int n)
 3      {
```

```
4        if(n/2>0)  f(n/2);
5        printf("%d ",n);
6    }
7    void main()
8    {
9        f(6);
10   }
```

(A) 1 6 3　　　(B) 6 3 1　　　(C) 1 3 6　　　(D) 3 6 1

【解析】第一次调用 f(6)。6/2>0 条件成立,则调用函数 f(3)。3/2>0 条件成立,调用 f(1)。1/2>0 条件不成立,则执行 printf 语句,输出 n 的值 1。递归返回,输出 1 3 6。

【答案】C

15. 以下程序的运行结果是（　　）。

```
1    #include <stdio.h>
2    int f(int n)
3    {
4        int f1;
5        if(n==0||n==1)
6            return(2);
7        f1=n-f(n-2);
8        return f1;
9    }
10   void main()
11   {
12       int x;
13       x=f(7);
14       printf("x=%d\n",x);
15   }
```

(A) x=0　　　(B) x=3　　　(C) x=5　　　(D) x=7

【解析】调用 f(7)=7-f(5), f(5)=5-f(3), f(3)=3-f(1),f(1)=2,递归终止。递归返回: f(3)=3-f(1)=3-2=1, f(5)=5-f(3)=5-1=4，f(7)=7-f(5)=7-4=3。

【答案】B

16. 以下程序的运行结果是（　　）。

```
1    #include <stdio.h>
2    int f(int a[], int n)
3    {
4        if (n>=1)
5            return a[n-1]+f(a,n-1);
6        else
7            return 0;
8    }
```

```
9    void main()
10   {
11       int b[3]={1,2,3},x;
12       x=f(b,3);
13       printf("%d\n",x);
14   }
```

(A) 10　　　　(B) 5　　　　(C) 6　　　　(D) 12

【解析】一维数组名作函数参数，按地址方式传递数据。调用 f(a,3)时，由于 n>1，执行 a[3-1]+f(a,3-1)，即 a[2]+f(a,2)。递归调用 f(a,2)，由于 n>1，执行 a[1]+f(a,1)。递归调用 f(a,1)，由于 n=1，执行 a[0]+f(a,0)。此时 n=0 递归终止。递归返回：f(a,0)=0，a[0]+f(a,0)=1+0=1，a[1]+f(a,1)=2+1=3，a[2]+f(a,2)=3+3=6。

【答案】C

17．以下程序的运行结果是（　　）。

```
1    #include <stdio.h>
2    int f(int a,int b)
3    {
4        if(b==0)
5            return a;
6        else
7            return(f(--a,--b));
8    }
9    void main()
10   {
11       printf("%d\n", f(6,2));
12   }
```

(A) 0　　　　(B) 6　　　　(C) 5　　　　(D) 4

【解析】调用函数 f(6,2)时，变量 a 的值为 6，变量 b 的值为 2。由于 b==0 条件不成立，f(6,2)的返回值为 f(5,1)（注意表达式--a 的值为变量 a 减 1 之后的值）。由于 b==1，f(5,1)的返回值为 f(4,0)。此时 b==0 条件成立，递归终止，f(4,0)的返回值为 4。因此，f(6,2)的值为 4。

【答案】D

18．以下程序的运行结果是（　　）。

```
1    #include <stdio.h>
2    char ch[]="morning afternoon";
3    void f(int i)
4    {
5        printf("%c",ch[i]);
6        if(i<3)
7        {
8            i+=2;
9            f(i)
10       }
```

```
11      }
12      void main()
13      {
14          int i=0;
15          f(i);
16          printf("\n");
17      }
```

（A）morning　　　　（B）morn　　　　（C）mri　　　　（D）mor

【解析】 main()函数中调用 f(0)，在 f()函数中输出 ch[0]，即'm'；由于 0<3 条件成立，调用 f(2)。在 f()函数中输出 ch[2]，即'r'；由于 2<3 条件成立，调用 f(4)。在 f()函数中输出 ch[4]，即'i'；由于 4<3 条件不成立，f()函数执行完毕。所以输出结果是 mri。

【答案】 C

19．以下程序的运行结果是（　　）。

```
1   #include <stdio.h>
2   int f()
3   {
4       static int a=1;
5       a*=2;
6       return a;
7   }
8   void main()
9   {
10      int i,s=1;
11      for(i=1;i<=3;i++)
12          s*=f();
13      printf("%d\n",s);
14  }
```

（A）8　　　　（B）10　　　　（C）30　　　　（D）64

【解析】 a 为静态变量，只初始化一次，这样上一次的运算结果会保留，参与下一次的运算。循环控制调用函数 3 次。第 1 次调用，f()函数中，a=1*2=2，返回 main()函数，s=1*2=2。第 2 次调用，f()函数中，a=2*2=4，返回 main()函数，s=2*4=8。第 3 次调用，f()函数中，a=4*2=8，返回 main()函数，s=8*8=64。

【答案】 D

20．以下程序的运行结果是（　　）。

```
1   #include <stdio.h>
2   int a(int x);
3   void main()
4   {
5       int n=0,m;
6       m=a(a(a(n)));
```

```
7         printf("%d\n",m);
8     }
9     int a(int x)
10    {
11        static int y=1;
12        y=y+x;
13        return y;
14    }
```

  (A) 4　　　　　(B) 3　　　　　(C) 2　　　　　(D) 1

【解析】 y 为静态变量，上一次运算结果会保留，参与下一次的运算。第 1 次调用最内层函数 a(0)，返回值 1。第 2 次调用中间层函数 a(1)，y 的值变为 2，返回值为 2。最后调用最外层函数 a(2)，y 的值变为 4(2+2)，返回值为 4。

【答案】 A

21. 以下程序的运行结果是（　　）。

```
1     #include <stdio.h>
2     int f(int x,int y);
3     void main()
4     {
5         int m=1,n=1,s;
6         s=f(m,n);
7         printf("%d ",s);
8         s=f(m,n);
9         printf("%d\n",s);
10    }
11    int f(int x,int y)
12    {
13        static int a=1,b=2;
14        b+=a+1;
15        a=b+x+y;
16        return a;
17    }
```

  (A) 6　6　　　(B) 6　13　　　(C) 13　6　　　(D) 13　13

【解析】 f() 函数中 a、b 为静态变量。第 1 次调用 f() 函数：b=b+(a+1)=2+1+1=4，a=b+x+y=4+1+1=6，函数的返回值为 6。第 2 次调用 f() 函数：b=4+6+1=11，a=11+1+1=13，函数的返回值为 13。

【答案】 B

22. 以下程序的运行结果是（　　）。

```
1     #include<stdio.h>
2     int f(int x[],int y)
3     {
4         static int s=0,i;
5         for(i=0;i<y;i++)
```

```
6           s+=x[i];
7       return s;
8   }
9   void main()
10  {
11      int a[]={1,2,3,4,5},b[]={6,7,8,9},k=0;
12      k=f(a,5)+f(b,4);
13      printf("%d\n",k);
14  }
```

   （A）45   （B）50   （C）55   （D）60

【解析】f()函数的功能是对数组元素求和，并与 s 相加。由于 s 为静态变量，调用函数结束后，s 的值会保留。第 1 次调用函数 f(a,5)时，执行循环语句，最终计算出 s=15，函数的返回值为 15。第 2 次调用函数 f(b,4)时，s 的初值为 15，执行循环语句，最终计算出 s=45，函数的返回值为 45。这样 k=15+45=60。

【答案】D

23. 以下程序的运行结果是（ ）。

```
1   #include <stdio.h>
2   int a=1;
3   int f(int x)
4   {
5       static int a=1;
6       x=x+1;
7       return (a++)+x;
8   }
9   void main()
10  {
11      int i,k=0;
12      for(i=0;i<2;i++)
13      {
14          int a=3;
15          k+=f(a);
16      }
17      k+=a;
18      printf("%d\n",k);
19  }
```

   （A）12   （B）13   （C）14   （D）15

【解析】全局变量与局部变量同名时，在函数体内参与运算的是局部变量，而不是全局变量。在 main()函数中，"k+=f(a)"中的 a 是复合语句内的 a，两次调用的函数都是 f(3)。第 1 次调用 f(3)：x=3+1=4，返回值为 1+4=5，a 的值变为 2，main()函数中 k 值变为 5。第 2 次调用 f(3)：x=3+1=4，返回值为 2+4=6，main()函数中 k=5+6=11。在 main()函数中，"k+=a"中的 a 是全局变量 a，其值为 1，这样 k=11+1=12。

【答案】A

24．以下程序的运行结果是（　　）。

```
1   #include <stdio.h>
2   int a=1;
3   int f(int n)
4   {
5       static int a=2;
6       int t=0;
7       if(n%2)
8           {static int a=3;t+=a++;}
9       else
10          {static int a=4;t+=a++;}
11      return t+a++;
12  }
13  void main()
14  {
15      int s=a,i;
16      for(i=0;i<2;i++)
17          s+=f(i);
18      printf("%d\n",s);
19  }
```

　　（A）11　　　　（B）18　　　　（C）19　　　　（D）13

【解析】全局变量与局部变量同名时，在函数体内参与运算的是局部变量，而不是全局变量。所以 f()函数中"return t+a++"中的 a 是其内部的静态局部变量 a，初值 a=2。if 语句中的 a 是其复合语句中的静态变量 a，初值 a=3，else 部分的 a 是其复合语句中的静态变量 a，初值 a=4。main()函数中"s=a"中的 a 是全局变量 a，初值 a=1。

　　第 1 次调用 f(0)：执行 else 语句，运算后，t=4，else 部分的变量 a 变为 5；函数的返回值=4+2=6，f()函数中的 a=3；main()函数中 s=s+f(0)=1+6=7。

　　第 2 次调用 f(1)：执行 if 语句，运算后 t=3，if 复合语句中 a=4，返回值=3+3=6，main()函数中 s=7+6=13。

【答案】D

二、填空题

1．以下程序的功能是：通过函数 f()输入字符并统计字符的个数，输入时用字符！作为输入结束标志。请填空。

```
1   #include <stdio.h>
2   int ___1___;
3   void main()
4   {
5       int n;
6       n=f();
```

```
7         printf("n=%d\n",n);
8     }
9     int f()
10    {
11        int m;
12        for(m=0;getchar()!='!';  __2__  );
13        return m;
14    }
```

【解析】第 1 个空填写函数声明语句,第 2 个空填写统计字符个数的语句。

【答案】1. int f()   2. m++;

2. 以下程序中函数 fun() 的功能是:从数组 x 的 n 个数中找出最大数和最小数,将其中的最小数与第一个数对换,最大数与最后一个数对换。请填空。

```
1     #include <stdio.h>
2     void fun(int x[],int n)
3     {
4         int i,j,max,min,t,m;
5         max=min=x[0]; i=j=0;
6         for(m=0;m<n;m++)
7         {
8             if(x[m]>max)
9             {
10                max=x[m];
11                   __1__ ;
12            }
13            else if(x[m]<min)
14            {
15                min=x[m];
16                j=m;
17            }
18        }
19        t=x[i]; x[i]=x[n-1]; x[n-1]=t;
20        t=x[j]; x[j]=__2__ ;  __3__ =t;
21    }
22    void main()
23    {
24        int i,a[10]={4,5,6,1,2,3,10,9,8,7},n=10;
25        fun(a,n);
26        for(i=0;i<10;i++)
27          printf("%d ",a[i]);
28    }
```

【解析】从程序代码可以分析出,变量 max 和 min 分别用来存放最大数和最小数,变量 i 和 j 分别用来存放最大数和最小数的下标,这样第一个空应该是保存最大数的下标,最后两个空应该是将最小数与第 1 个数交换。

【答案】1. i=m 2. x[0] 3. x[0]

3. 以下程序中函数 f()的功能是：用递归法求 Fibonacci 数列的前 n 项（Fibonacci 数列是一种整数数列，其中每个数等于它前面的两数之和，即 0,1,1,2,3,5,8,13,…）。请填空。

```
1   #include <stdio.h>
2   int f(int n)
3   {
4       if (n==0)
5           return 0;
6       else if (__1__)
7           return 1;
8       else
9           return __2__;
10  }
11  void main()
12  {
13      int i, n;
14      scanf("%d", &n);
15      for (i=0; i<n; i++)
16          printf("%d ", f(i));
17  }
```

【解析】根据给定数列的规律分情况填写函数的返回值。第 1 个数值为 0，第 2 个数为 1，从第 3 个数开始，其值等于前两个数之和。

【答案】1. n==1 2. f(n-1)+f(n-2)

4. 以下程序中函数 f()的功能是：将一个正实数保留 2 位小数，并对第 3 位进行四舍五入处理。例如，若正实数为 2.524 66，则函数返回 2.52，若正实数为 2.525 66，则函数返回 2.53。请填空。

```
1   #include <stdio.h>
2   float f(float h)
3   {
4       int t;
5       float s;
6       h= __1__ ;
7       t=(h+5)/10;
8       s= __2__ /100;
9       return s;
10  }
11  void main( )
12  {
13      float x;
14      x=f(3.7864);
15      printf("%.2f\n",x);
```

```
16      }
```

【解析】要保留 2 位小数并进行四舍五入，先要将原数放大 1 000 倍，即 h=h*1000，再通过 t=(h+5)/10 进行四舍五入。程序中 t 为 int 型，要将其转换成浮点型，再除以 100，即(float)t/100。

【答案】1．h*1000　2．(float)t

5．以下程序中函数 f()的功能是：将数组 s 中的所有数字字符移到所有非数字字符之后，并保持所有数字字符和所有非数字字符原有的先后顺序。例如，如果形参 s 的值为 abc12def3，则执行结果为 abcdef123。

```
1    #include <stdio.h>
2    void f(char s[])
3    {
4        int i,j=0,k=0;
5        char t1[100],t2[100];
6        for(i=0; s[i]!='\0'; i++)
7            if(s[i]>='0' && s[i]<='9')
8            {
9                t2[j]=s[i];
10                ___1___ ;
11            }
12            else
13                t1[k++]=s[i];
14        t2[j]=0;
15        t1[k]=0;
16        for(i=0; i<k; i++)
17            ___2___ ;
18        for(i=0; i<___3___ ; i++)
19            s[k+i]=t2[i];
20    }
21    void main( )
22    {
23        char a[80];
24        gets(a);
25        f(a);
26        printf("%s\n",a);
27    }
```

【解析】t1[]数组存放所有非数字字符，t2[]数组存放所有数字字符。j 中存放数字字符的个数，k 中存放非数字字符的个数。

【答案】1．j++ 或 ++j 或 j+=1 或 j=j+1　2．s[i]=t1[i]　3．j

6．以下程序的运行结果是_____。

```
1    #include <stdio.h>
2    void fun(int x)
```

```
3       {
4           if(x/3>0)
5               fun(x/3);
6           printf("%d ",x);
7       }
8       void main()
9       {
10          fun(6);
11          printf("\n");
12      }
```

【解析】第 1 次调用 fun(6)，由于 x/3>0，执行 fun(x/3)，即 fun(2)。递归调用 fun(2)时，由于 x/3>0 不成立，输出 x 的值为 2。递归返回，输出 x 的值为 6。

【答案】2 6

7. 以下程序的运行结果是_____。

```
1       #include <stdio.h>
2       int f(int a[ ],int n)
3       {
4           if(n>0)  return a[0]+f(a+2,n-2);
5           else    return a[0];
6       }
7       void main()
8       {
9           int b[8]={1,2,3,4,5,6,7,8},s;
10          s=f(b+2,4);
11          printf("%d\n",s);
12      }
```

【解析】main( )函数中调用 f(b+2,4)时，传给数组 a 的数据是{3,4,5,6,7,8}，由于 4>0 条件成立，返回值为 3+f(a+2,2)；执行 f(a+2,2)时，传给数组 a 的数据是{5,6,7,8}，由于 2>0 条件成立，返回值为 5+f(a+2,0)；执行 f(a+2,0)时，传给数组 a 的数据是{7,8}，由于 0>0 条件不成立，返回值为 7。最终返回给 main( )函数的值为 3+5+7=15。

【答案】15

8. 以下程序运行后，如果输入 xyzmn↙，则输出结果是_____。

```
1       #include <stdio.h>
2       #include <string.h>
3       void f(char str[])
4       {
5           char temp;
6           int n,i;
7           n=strlen(str);
8           temp=str[n-1];
```

```
9        for(i=n-1;i>0;i--) str[i]=str[i-1];
10       str[0]=temp;
11   }
12   void main()
13   {
14       char s[50];
15       scanf("%s",s);
16       f(s);
17       printf("%s\n ",s);
18   }
```

【解析】函数 f()的功能是：将原字符串中的字符循环后移 1 位，最后一个字符放在了第 1 个位置。

【答案】nxyzm

9．以下程序的运行结果是_____。

```
1    #include <stdio.h>
2    int fun(int x)
3    {
4        static int t=0;
5        return(t+=x);
6    }
7    void main()
8    {
9        int s,i;
10       for(i=1;i<=3;i++)  s=fun(i);
11       printf("%d\n",s);
12   }
```

【解析】t 是静态变量，只初始化一次，上一次运算的结果会保留下来。第 1 次调用函数 fun(1) 时，函数的返回值为 t=t+x=0+1=1；第 2 次调用函数 fun(2)时，函数的返回值为 t=t+x=1+2=3；第 3 次调用函数 fun(3)时，函数的返回值为 t=t+x=3+3=6；

【答案】6

10．以下程序的运行结果是_____。

```
1    #include <stdio.h>
2    int a=1;
3    void f(int b)
4    {
5        int a=6;
6        a+=b;
7        printf("%d ",a);
8    }
9    void main()
10   {
```

11	int c=9;
12	f(c);
13	a+=c;
14	printf("%d\n",a);
15	}

【解析】执行语句 f(c);时，将 9 传给 b，b=9，函数 f()中参与运算的 a 是局部变量，a=6，所以运算后 a=6+9=15，输出 15。main()函数中参与运算的 a 是全局变量，a=a+c=1+9=10，输出 a 的值为 10。

【答案】15 10

11. 以下程序中函数 f()的功能是：把数组 s 中下标为奇数的字符右移到下一个奇数位置，最右边被移出字符串的字符放到第 1 个奇数位置，下标为偶数的字符不动。例如，设字符串为 abcdefgh，则执行结果为 ahcbedgf。

1	#include <stdio.h>
2	void f(char s[ ])
3	{
4	int i,n,k;
5	char c;
6	n=0;
7	for(i=0; s[i]!='\0'; i++)
8	n++;
9	if (n%2==0) k=n-___1___;
10	else k=n-2;
11	c=___2___;
12	for(i=k-2; i>=1; i=i-2)
13	s[i+2]=s[i];
14	s[1]=___3___;
15	}
16	void main()
17	{
18	char s[20]="abcdefgh";
19	f(s);
20	printf("结果为:%s\n", s);
21	}

【解析】n 为字符串的长度，k 用来存放最后一个奇数位字符的下标。当 n 为偶数时，最后一个字符就是下标为奇数的字符，其下标为 n-1，否则，倒数第 2 个字符是下标为奇数的字符，其下标为 n-2。变量 c 用来保存最后一个下标为奇数的字符。通过循环移完元素后，再将变量 c 中保存的元素放到第 1 个奇数位置处。

【答案】1. 1 2. s[k] 3. c

12. 以下程序中函数 f()的功能是：删除字符数组中比指定字符小的字符，指定字符从键盘输入，结果仍保存在原数组中。请填空。

```
1   #include <stdio.h>
2   #define N 80
3   void f(char s[], char ch)
4   {
5       int i=0,j=0;
6       while(s[i])
7       {
8           if (s[i]<ch)
9               ___1___;
10          else
11          { ___2___;
12              i++;
13          }
14      }
15      ___3___;
16  }
17  void main()
18  {
19      char c,s[N];
20      gets(s);
21      scanf("%c", &c);
22      f(s,c);
23      puts(s);
24  }
```

【解析】变量 i 表示数组中待处理元素的下标，变量 j 表示待处理元素在数组中的新下标。当待处理元素小于指定字符时，将其跳过，否则，将其放入数组的新下标位置，并设置下一个元素的下标。最后在数组的尾部添加字符串结束标志\0。

【答案】1．i++或++i 或 i+=1 或 i=i+1 2．s[j++]=s[i] 3．s[j]='\0' 或 s[j]=0

三、编程题

1．编写一个求以下公式的函数。要求 n 在主程序中输入，结果在主程序中输出。

$$S=1+(1+\sqrt{2})+(1+\sqrt{2}+\sqrt{3})+\cdots+(1+\sqrt{2}+\sqrt{3}+\cdots+\sqrt{n})$$

【程序代码】

```
1   #include <math.h>
2   #include <stdio.h>
3   double fun(int n)
4   {
5       int i;
6       double s=1.0,p=1.0;
7       for(i=2;i<=n;i++)
8       {
9           p=p+sqrt((double)i);        //求当前项
```

10	s=s+p; //累加
11	}
12	return s;
13	}
14	void main()
15	{
16	int n;
17	double s;
18	printf("输入n:");
19	scanf("%d",&n);
20	s=fun(n);
21	printf("结果为: %f\n",s);
22	}

2. 编写函数，根据以下公式求π的值。要求在主函数中输入精度，并输出结果。精度表示计算到公式中某一项的值小于规定值为止。

$$\frac{\pi}{2} = 1 + \frac{1}{3} + \frac{1 \times 2}{3 \times 5} + \frac{1 \times 2 \times 3}{3 \times 5 \times 7} + \frac{1 \times 2 \times 3 \times 4}{3 \times 5 \times 7 \times 9} + \cdots + \frac{1 \times 2 \times 3 \times \cdots \times n}{3 \times 5 \times 7 \times \cdots \times (2n+1)}$$

【程序代码】

1	#include <stdio.h>
2	double fun (double eps)
3	{
4	double s=1.0,n=1.0,t,pi=1;
5	while(s>=eps)
6	{
7	t=n/(2*n+1);
8	s=s*t; //下一项的值
9	pi=pi+s;
10	n++;
11	}
12	pi=pi*2;
13	return pi;
14	}
15	void main()
16	{
17	double x;
18	printf("请输入精度:");
19	scanf("%lf",&x);
20	printf("PI=%lf\n",fun(x));
21	}

3. 编写函数，找出一个大于给定整数n且紧随n的素数，要求在主函数中输入n，并输出结果。

【程序代码】

```
1   #include <stdio.h>
2   int fun(int m)
3   {
4       int i,k;
5       for (i=m+1;;i++)
6       {
7           for (k=2;k<i;k++)
8               if (i%k==0) break;      //不是素数
9           if (k>=i)                    //是素数
10              return(i);
11      }
12  }
13  void main()
14  {
15      int n;
16      printf("请输入一个整数n: ");
17      scanf("%d", &n);
18      printf("紧随n的素数为: %d\n ",fun(n));
19  }
```

4．编写函数，将一个数字字符串转换为一个整数（不得调用 C 语言中将字符串转换成整数的库函数）。

【程序代码】

```
1   #include <stdio.h>
2   #include <string.h>
3   int fun(char p[])
4   {
5       int s=0,t,i=0,j,n=strlen(p),k;
6       if(p[0]=='-')                    //判断是否为负号
7           i++;
8       for(j=i;j<=n-1;j++)
9       {
10          t=p[j]-'0';                  //将数组的当前元素转换成整数
11          s=s*10+t;                    //将已处理的数左移1位，再与当前项相加
12      }
13      if(p[0]=='-')                    //判断是否为负数
14          return -s;
15      else
16          return s;
17  }
18  void main()
```

```
19    {
20        char s[6];
21        int n;
22        printf("请输入一个数字串：\n");
23        gets(s);
24        n=fun(s);
25        printf("结果是：%d\n",n);
26    }
```

5. 编写函数，根据一维数组的值按如下规律输出结果。假设一维数组的值为 1、2、3、4，调用函数后将输出以下方阵（要求在 main( )函数中输入数组 a 的值）。

4 1 2 3
3 4 1 2
2 3 4 1
1 2 3 4

编程思路：输出的第 1 行，实际上是将数组 a 循环右移 1 位；从第 2 行开始，每行都是将上一行循环右移 1 位。

【程序代码】

```
1     #include <stdio.h>
2     #define M 4
3     void fun(int a[])
4     {
5         int i,j,k;
6         for(i=0;i<M;i++)              //对每一行进行处理
7         {
8             k=a[M-1];                 //右移前先保留最后一个元素的值
9             for (j=M-1;j>0;j--)       //下标在 0~M-2 之间的元素右移
10                a[j]=a[j-1];
11            a[0]= k;                  //最后一个元素放到最前面
12            for (j=0;j<M;j++)         //输出循环右移后的一行
13                printf("%6d",a[j]);
14            printf("\n");
15        }
16    }
17    void main()
18    {
19        int i,a[M];
20        printf("请输入%d 个整数：",M);
21        for(i=0;i<M;i++)
22            scanf("%d",&a[i]);
23        fun(a);
24    }
```

6. 编写函数，将一个 N×N 二维数组的左下半三角元素全部置 0，其他元素全部置 1。要求在 main()函数中输出该数组的值。

【程序代码】

```
1   #include <stdlib.h>
2   #define N 5
3   void fun(int a[][N])
4   {
5       int i,j;
6       for(i=0;i<N;i++)
7           for(j=0;j<N;j++)
8               if(j<=i)              //左下半三角元素的值置成 0
9                   a[i][j]=0;
10              else
11                  a[i][j]=1;
12  }
13  void main()
14  {
15      int a[N][N],i,j;
16      fun(a);
17      for(i=0;i<N;i++)
18      {
19          for(j=0;j<N;j++)
20              printf("%4d",a[i][j]);
21          printf("\n");
22      }
23  }
```

7. 编写函数求 M×N 二维数组中每列的最小元素，将结果依次存入一维数组中。要求在 main()函数中进行数组的输入和输出。

【程序代码】

```
1   #include <stdio.h>
2   #define M 3
3   #define N 4
4   void fun(int a[M][N],int b[N])
5   {
6       int i,j,min;
7       for(j=0;j<N;j++)
8       {
9           min=a[0][j];              //先假设每列第 1 个元素最小
10          for(i=1;i<M;i++)          //求每列的最小值
11              if(a[i][j]<min)
12                  min=a[i][j];
```

```
13              b[j]=min;
14          }
15  }
16  void main( )
17  {
18      int a[M][N],b[N],i,j;
19      printf("请输入数组:\n" );
20      for(i=0;i<M;i++ )
21          for(j=0;j<N;j++ )
22              scanf("%d",&a[i][j]);
23      fun(a,b);
24      printf("结果为:\n" );
25      for (i=0;i<N;i++)
26          printf ("%6d ",b[i]);
27  }
```

8. 编写一个递归函数求以下多项式的值。要求在主函数中输入 x 和 n 的值，并输出结果。

$$p_n(x) = \begin{cases} 1 & (n=0) \\ x & (n=1) \\ ((2n-1)xp_{n-1}(x) - (n-1)p_{n-2}(x))/n & (n>1) \end{cases}$$

【程序代码】

```
1   #include <stdio.h>
2   float p(int n,int x)                                            //定义函数
3   {
4       float f;
5       if(n==0)
6           f=1.0;
7       else if(n==1)
8           f=x;
9       else
10          f=((2*n-1)*x*p((n-1),x)-(n-1)*p((n-2),x))/n;            //递归调用函数
11      return f;                                                   //返回结果
12  }
13  void main()
14  {
15      int n,x;
16      printf("请输入 n 与 x 的值： ");
17      scanf("%d%d",&n,&x);
18      printf("结果为: %6.2f\n",p(n,x));                           //调用函数
19  }
```

9. 一维数组中保存有 1 个从小到大有序的整数数列。编写函数，利用折半查找算法查找整数 m 在数组中的位置。若找到，则返回其下标值；反之，则显示"没找到!"。

折半查找算法的基本思想是：每次查找前先确定数组中待查元素的下标范围 low～

high(low<high)，然后把 m 与中间位置(mid=(low+high)/2)元素的值进行比较。如果 m 的值大于中间位置元素的值，则下一次的查找范围落在 mid+1～high 之间；反之，下一次的查找范围落在 low～mid-1 之间。直到 low>high 时，查找结束。

【程序代码】

1	`#include <stdio.h>`
2	`#define N 10`
3	`int fun(int a[],int m)`
4	`{`
5	`    int low=0,high=N-1,mid;`
6	`    while(low<=high)`
7	`    {`
8	`        mid=(low+high)/2;`
9	`        if(m<a[mid])    high=mid-1;    //修改查找范围的上限`
10	`        else if(m>a[mid])   low=mid+1;  //修改查找范围的下限`
11	`        else return(mid);               //找到了`
12	`    }`
13	`    return (-1);                       //没找到`
14	`}`
15	`void main()`
16	`{`
17	`    int i,a[N],k,m;`
18	`    printf("请输入%d 个数:",N);`
19	`    for (i=0;i<N;i++)`
20	`        scanf("%d",&a[i]);`
21	`    printf("请输入要查找的数:");`
22	`    scanf("%d",&m);`
23	`    k=fun(a,m);`
24	`    if (k>=0)`
25	`        printf("%d 的下标序号为: %d\n",m,k);`
26	`    else`
27	`        printf("没找到!\n");`
28	`}`

10. 编写函数将数组中的 n 个整数按相反顺序存放。要求在 main( )函数中输入数组的值并输出结果。

【程序代码】

1	`#include <stdio.h>`
2	`void main()`
3	`{`
4	`    int i,n;`
5	`    int a[100];`

6	void reverse(int p[],int m); //声明函数
7	printf("请输入n:",&n);
8	scanf("%d",&n);
9	printf("请输入n个数:");
10	for(i=0;i<n;i++)
11	scanf("%d",&a[i]);
12	reverse(a,n); //调用函数
13	printf("反序后数组元素的值:\n");
14	for(i=0;i<n;i++)
15	printf("%d",a[i]);
16	printf("\n");
17	}
18	void reverse(int p[],int m) //定义函数
19	{
20	int i,t;
21	for(i=0;i<m/2;i++)
22	{
23	t=p[i];
24	p[i]=p[m-i-1];
25	p[m-i-1]=t;
26	}
27	}

【运行结果】

请输入n:8↙
请输入n个数:
11 22 33 44 55 66 77 88↙
反序后数组元素的值:
88 77 66 55 44 33 22 11

11. 编写函数，求一个英文句子中最长的英文单词。要求在主函数中输入数据，并输出结果。

【程序代码】

1	#include <stdio.h>
2	#include <string.h>
3	int zm(char c) //定义函数，判定一个字符是否为字母
4	{
5	if((c>='a' && c<='z')||(c>='A' && c<='Z'))
6	return 1; //是字母，返回1
7	else
8	return 0; //不是字母，返回0
9	}
10	int p(char s[]) //返回最长单词的起始下标位置
11	{

```
12          int i;
13          int len=0;                      //当前单词已累计的字母个数
14          int length=0;                   //先前单词中最长单词的长度
15          int flag=1;                     //新单词的开始标记,1表示新单词开始
16          int place=0;                    //最长单词的起始位置
17          int point;                      //当前单词的起始位置
18          for(i=0;i<=strlen(s);i++)
19          {
20              if(zm(s[i]))                //是字母
21                  if(flag)                //是一个单词的首字母
22                  {
23                      len++;              //当前单词的字母个数加1
24                      point=i;            //记下当前单词的起始下标位置
25                      flag=0;             //置0表示接下来的一个字符不是新单词的开始
26                  }
27                  else                    //不是一个单词的首字母
28                      len++;              //当前单词的字母个数加1
29              else                        //不是字母
30              {
31                  flag=1;                 //表示接下来的一个字符是新单词的开始
32                  if(len>length)          //当前单词长度>最长单词长度
33                  {
34                      length=len;         //将该单词长度给length
35                      place=point;        //记下最长单词位置
36                      len=0;              //当前单词长度清0,准备放下一个单词长度
37                  }
38              }
39          }
40          return place;                   //返回最长单词的起始下标位置
41      }
42      void main()
43      {
44          int i;
45          char str[100];
46          printf("请输入一句英文: ");
47          gets(str);
48          printf("最长单词为: ");
49          for(i=p(str);zm(str[i]);i++)
50              printf("%c",str[i]);        //输出最长单词
51          printf("\n");
52      }
```

12. 从键盘输入某商场 M 个柜台 6 个月的营业总额(单位:万元)。统计:① 每个柜台的

总营业额及平均营业额；② 每月的总营业额及平均营业额；③ 找出最高营业额及其所对应的柜台和月份。要求数据输入、输出及上述各项统计功能都分别采用函数来实现。

【程序代码】

```
1    #include <stdio.h>
2    #define M 5              //5 个柜台
3    #define N 6              //6 个月
4    float a[M][N];           //全局数组，存放 5 个柜台 6 个月的营业总额
5    float sum1[M];           //全局数组，5 个柜台营业额总和
6    float ave1[M];           //全局数组，5 个柜台平均营业额
7    float sum2[N];           //全局数组，每个月营业额总和
8    float ave2[N];           //全局数组，每个月平均营业额
9    int row,col;             //记录最大值所在的行号与列号(柜台号和月份)
10   void intput_data()       //定义输入数据函数
11   {
12       int i,j;
13       for(i=0;i<M;i++)
14       {
15           printf("请输入第%d 个柜台 6 个月的营业总额:\n",i+1);
16           for(j=0;j<N;j++)
17               scanf("%f",&a[i][j]);
18       }
19   }
20   void compute1()          //计算每个柜台半年的总营业额及平均营业额
21   {
22       int i,j;
23       for(i=0;i<M;i++)
24       {
25           for(j=0;j<N;j++)
26               sum1[i]=sum1[i]+a[i][j];
27           ave1[i]=sum1[i]/N;
28       }
29   }
30   void compute2()          //计算每月的总营业额及平均营业额
31   {
32       int i,j;
33       for(j=0;j<N;j++)
34       {
35           for(i=0;i<M;i++)
36               sum2[j]=sum2[j]+a[i][j];
37           ave2[j]=sum2[j]/M;
38       }
39   }
40   float highest()          //计算最高营业额对应的柜台和月份
41   {
42       int i,j;
43       float max;
```

```
44          max=a[0][0];
45          for(i=0;i<M;i++)
46              for(j=0;j<N;j++)
47                  if(a[i][j]>max)
48                  {
49                      max=a[i][j];
50                      row=i+1;        //数组行号,即柜台号,从1开始计算
51                      col=j+1;        //数组列号,即月份,从1开始计算
52                  }
53          return max;
54      }
55      void output_data()              //定义输入数据函数
56      {
57          int i,j;
58          float h;
59          printf("柜台号\t1月\t2月\t3月\t4月\t5月\t6月\t总额\t平均额\n");
60          for(i=0;i<M;i++)
61          {
62              printf("%d\t",i+1);
63              for(j=0;j<N;j++)
64                  printf("%.2f\t",a[i][j]);
65              printf("%.2f\t%.2f\n",sum1[i],ave1[i]);
66          }
67          printf("柜台总额");
68          for(j=0;j<N;j++)
69              printf("%.2f\t",sum2[j]);
70          printf("\n");
71          printf("柜台均额");
72          for(j=0;j<N;j++)
73              printf("%.2f\t",ave2[j]);
74          printf("\n");
75          h=highest();
76          printf("最高额:%.2f万,第%d柜台,%d月份\n",h,row,col);
77      }
78      void main()
79      {
80          intput_data();              //调用函数,输入数据
81          compute1();                 //调用计算每个柜台半年平均营业额函数
82          compute2();                 //调用计算每个月平均营业额函数
83          output_data();              //调用函数,输出数据
84      }
```

第7章 指针

7.1 课后习题解答

一、单项选择题

1. 已知：int *p, a;，则语句 p=&a;中运算符"&"的含义是（　　）。
   （A）逻辑与运算符　　　　　　　　　（B）位与运算
   （C）取指针内容　　　　　　　　　　（D）取变量地址

   【答案】D

2. 已知：int i,j=7,*p=&i;，则与 i=j;等价的语句是（　　）。
   （A）i=*p;　　　（B）*p=j;　　　（C）i=&j;　　　（D）i=**p;

   【答案】B

3. 函数 f()的返回值是（　　）。

1	int f(int *p)
2	{
3	return *p;
4	}

   （A）形参 p 中存放的值　　　　　　　（B）不确定的值
   （C）一个整数　　　　　　　　　　　（D）形参 p 的地址值

   【解析】函数返回值的类型由定义函数时设定的类型决定，函数 f()定义时返回值的类型为 int，所以函数的返回值是一个整数，即指针 p 所指向的变量的值。

   【答案】C

4. 已知：int a[10],*p=a;，以下对数组元素的引用正确的是（　　）。
   （A）a[p]　　　（B）p[a]　　　（C）*(p+2)　　　（D）p+2

   【答案】C

5. 已知：int k,a[10],*p1=a,*p2=a;，以下语句中，不正确的是（　　）。
   （A）k=*p1+*p2;　　（B）k=*p1*(*p2);　　（C）p2=k;　　（D）p1=p2;

   【解析】由于指针变量 p1 和 p2 都指向数据元素 a[0]，所以 A 选项相当于 k=a[0]+a[0]；B 选项相当于 k=a[0]*a[0]；D 选项将指针变量 p1 的值赋给 p2。所以 A、B、D 选项都正确。C 选项应改为*p2=k;。

【答案】C

6. 若有以下说明语句，则 p2-p1 的值是（　　）。

```
1  int a[10], *p1, *p2;
2  p1=a;
3  p2=&a[5];
```

（A）5　　　　　　（B）6　　　　　　（C）10　　　　　　（D）4

【解析】p2-p1 的值为 a[5]与 a[0]之间元素的个数。

【答案】A

7. 以下函数的功能是（　　）。

```
1  void fun(int *p1, int *p2)
2  {
3      int *p;
4      *p=*p1;
5      *p1=*p2;
6      *p2=*p;
7  }
```

（A）没有交换*p1 和*p2 的值
（B）存在语法错误，可能造成异常
（C）能成功交换 p1 和 p2 所指向的变量的值
（D）能成功交换 p1 和 p2 的值

【答案】C

8. 执行以下程序段后，*(ptr+5)的值为（　　）。

```
1  char str[]="hello",*ptr=str;
```

（A）'0'　　　　（B）'\0'　　　　（C）不确定的值　　　　（D）'0'的地址

【解析】ptr+5 后，ptr 将指向字符串的结束标志'\0'。'\0'与'0'不同，'0'表示字符 0，其 ASCII 码值为 48；而'\0'为空字符，其 ASCII 码值为 0。

【答案】B

9. 设有定义 char *c;，以下选项中能够使字符型指针变量 c 正确指向一个字符串的是（　　）。

（A）char str[]="string"; c=str;　　　　（B）scanf("%c",c);
（C）c=getchar();　　　　　　　　　　　（D）*c="string";

【答案】A

10. 设 int a[10],*p=a;，则与 a[2]的值不相等的是（　　）。

（A）p[2]　　　　（B）*(p+2)　　　　（C）*(a+2)　　　　（D）*p+2

【解析】*p+2 相当于 a[0]+2。

【答案】D

11. 以下函数的功能是（   ）。

```
1  int fun(char *s)
2  {
3      char *t=s;
4      while(*t)
5          t++;
6      return(t-s);
7  }
```

（A）比较两个字符串的大小
（B）计算 s 所指字符串占用的内存字节数
（C）计算 s 所指字符串的长度
（D）将 s 所指字符串复制到 t 中

【答案】C

12. 设有定义：int n1=0, n2, *p=&n2, *q=&n1;，以下赋值语句中与 n2=n1;语句等价的是（   ）。

（A）*p=*q;　　（B）p=q;　　（C）*p=&n1;　　（D）p=*q;

【解析】两个指针变量 p 和 q 分别指向变量 n2 和 n1。要通过指针变量实现 n2=n1，就是要将 q 所指变量的值赋给 p 所指向的变量，即*p=*q。

【答案】A

13. 设有定义：double x[10],*p=x;，以下能给数组 x 下标为 5 的元素读入数据的语句是（   ）。

（A）scanf("%f",&x[5]);　　　　　　（B）scanf("%lf",*(x+5));
（C）scanf("%lf",p+5);　　　　　　（D）scanf("%lf",p[5]);

【解析】A 选项中数组元素的类型是 double，对应的格式控制符应为%lf，不正确。B 选项中*(x+5)表示 x[5]，不正确；C 选项中指针 p 指向 x 数组的首元素，p+5 表示 x[5]的地址，正确；D 选项中 p[5]相当于 x[5]，不正确。

【答案】C

14. 下面程序的输出结果是（   ）。

```
1  #include <stdio.h>
2  void main()
3  {
4      char s[]="cent";
5      printf("%c\n",*s+2);
6  }
```

（A）ce　　（B）字符 c 的 ASCII 码值　　（C）e　　（D）运行错误

【解析】s 是字符数组名，也代表数组的首地址，*s 表示数组元素 s[0]，即字符'c'，因此，*s+2 是将字符'c'的值加 2，变成了字符'e'。

【答案】C

15. 对以下程序段，下画线中应填入的正确格式是（　　）。

```
1  int *p;
2  p=_____malloc(sizeof(int));
```

（A）int　　　　（B）int *　　　　（C）(* int)　　　　（D）(int *)

【答案】D

16. 设有以下定义：

```
1  struct student
2  {
3      int age;
4      int num;
5  }stu[5],*p=stu;
6  int i;
7  stu[0].num=10;
```

则以下语句中不正确的是（　　）。

（A）i=p->num;　　　　　　　　　（B）i=stu[0].num;
（C）i=(*p).num;　　　　　　　　（D）p=&student.num;

【答案】D

17. 设有以下定义及语句：

```
1  struct student
2  {
3      int age;
4      char sex;
5      char name[10];
6  }stu[5], *p;
7  p=stu;
```

以下引用中，不正确的是（　　）。

（A）scanf("%s", stu[0].name);
（B）scanf("%d", &stu[0].age);
（C）scanf("%c", &(p->sex));
（D）scanf("%d", p->age);

【解析】由于 p 指向 stu[0]，所以 p->age 相当于 stu[0].age，前面应加地址符&。

【答案】D

18. 若有定义语句：char *name[]={"JAME","XML","C++"};，则语句 printf("%s\n",name[2]); 的输出结果是（　　）。

（A）JAME　　　　（B）XML　　　　（C）C++　　　　（D）不定值

【解析】char *name[]是一个字符指针数组，数组元素 name[2]是一个指针，它指向字符串 "C++"。

【答案】C

19．若有说明语句 int *f();，则标识符 f 代表的是（　　）。

(A) 一个用于指向整型数据的指针变量

(B) 一个用于指向函数的指针变量

(C) 一个用于指向一维数组的指针变量

(D) 一个返回值为指针的函数名

【答案】D

20．以下与 int *p[5]等价的是（　　）。

(A) int p[5];　　　　(B) int *p;　　　　(C) int *(p[5])　　　(D) int (*p)[5]

【解析】int *p[5]是一个指针数组，由于[ ]的优先级高于*，因此它等价于 int *(p[5])。

【答案】C

21．若有定义语句 int (*p)[4];，则以下说法中正确的是（　　）。

(A) 定义语句非法

(B) p 是一个指针数组，每个元素是一个指向整型变量的指针变量

(C) p 是一个行指针变量，可以将每行具有 4 个整型元素的二维数组名赋给它

(D) p 是一个指向整型变量的指针变量

【答案】C

22．设有程序段：

```
1  int a[2][3],(*pa)[3],x;
2  pa=a;
```

以下对数组元素的引用中，错误的是（　　）。

　　　　(A) x=*(a[0]+2);　　　(B) x=*pa[2];　　　(C) x=pa[0][0];　　　(D) x=*(pa[1]+2);

【解析】A 选项中*(a[0]+2)相当于 a[0][2]，正确；B 选项中 pa[2]相当于 a[2]，数组 a 的行下标只能是 0 和 1，下标超界，错误；C 选项中 pa[0][0]相当于 a[0][0]，正确；D 选项中*(pa[1]+2)相当于 a[1][2]，正确。

【答案】B

23．指针变量定义语句 int (*p)();的含义是（　　）。

(A) p 是一个指向一维数组的指针变量

(B) p 是一个指向整型变量的指针变量

(C) p 是一个指向函数的指针变量，该函数的返回值是一个整数

(D) 以上都不正确

【答案】C

24．若有 int max(),(*p)();，为使指针变量 p 指向函数 max()，正确的赋值语句是（　　）。

　　　　(A) p=max;　　　　(B) *p=max;　　　　(C) p=&max;　　　　(D) *p=max();

【答案】A

25．下列程序段的输出结果是（　　）。

```
1  int **pp,*p,a=10,b=20;
2  pp=&p;
3  p=&a;
```

```
4    p=&b;
5    printf("%d,%d\n",*p, **pp);
```

  （A）10,20 （B）20,10 （C）20,20 （D）10,10

【答案】C

二、填空题

1．已知 int a=5，*p=&a;，变量 a 的地址为 2010，则&a=_____，*p=_____。

【答案】2010，5

2．已知：int a[5]={20,40,60,80,100},*p=&a[1],*s,k=2;。请填空：

（1）通过指针变量 p 给 s 赋值，使 s 指向 a[4]的语句是_____。
（2）s 已指向 a[4]，移动指针 s，使其指向 a[2]的语句是_____。
（3）指针 s 已指向 a[2]，表达式*(s+k)的值是_____。
（4）指针 s 已指向 a[2]，不移动指针，通过 s 使用 a[3]的表达式是_____。
（5）指针 s 已指向 a[2]，表达式 s-a 的值是_____。

【答案】s=p+3;，s=s-2;，100，*(s+1)，2

3．以下程序段的输出结果是_____。

```
1    int *p,a,b;
2    a=10;
3    p=&a;
4    b=*p+100;
5    printf("%d\n",b);
```

【答案】110

4．设有定义语句：char *a="abcde";，则 printf("%s",a);的输出结果是_____，printf("%c",*a);的输出结果是_____。

【答案】abcde，a

5．用以下语句调用库函数 malloc()，使指针变量 p 指向能够保存 11 个整型数据的动态存储空间，请填空。

```
1    p=(int *)_____;
```

【答案】malloc(11*sizeof(int))

三、编程题（用指针完成）

1．采用指针变量作为形参，编写一个实现两个整数交换的函数。在主函数中输入 3 个整数，调用数据交换函数将它们按从大到小的顺序排序后输出。

【程序代码】

```
1    #include <stdio.h>
2    void main()
3    {
4        int a,b,c;
5        void swap(int *px,int *py);
6        printf("请输入3个整数: ");
```

7	`scanf("%d%d%d",&a,&b,&c);`
8	`if(a<b)`
9	`    swap(&a,&b);`
10	`if(a<c)`
11	`    swap(&a,&c);`
12	`if(b<c)`
13	`    swap(&b,&c);`
14	`printf("3个整数从大到小依次是：%d,%d,%d\n",a,b,c);`
15	`}`
16	`void swap(int *px,int *py)    //定义实现数据交换的函数`
17	`{`
18	`    int temp;`
19	`    temp=*px;`
20	`    *px=*py;`
21	`    *py=temp;`
22	`}`

2. 在main()函数内输入10个整数到数组中，调用第1题的数据交换函数，将数组中最大数与最后一个数交换，最小数与第1个数交换。

【程序代码】

1	`#include <stdio.h>`
2	`void main()`
3	`{`
4	`    int a[10], i;`
5	`    int *pmax, *pmin;        //定义两个指针变量，分别指向最大数和最小数`
6	`    void swap(int *px,int *py);`
7	`    printf("请输入10个整数：");`
8	`    for(i=0;i<10;i++)`
9	`        scanf("%d",a+i);`
10	`    pmax=a;                  //为指针变量pmax赋值，使它指向数组首元素`
11	`    pmin=a;                  //为指针变量pmin赋值，使它指向数组首元素`
12	`    for(i=1;i<10;i++)        //循环查找最大数、最小数`
13	`    {`
14	`        if(*pmax<a[i])`
15	`            pmax=&a[i];`
16	`        if(*pmin>a[i])`
17	`            pmin=&a[i];`
18	`    }`
19	`    swap(pmax,&a[9]);        //将pmax指向的数据和数组最后一个元素交换`
20	`    swap(pmin,&a[0]);        //将pmin指向的数据和数组第1个元素交换`
21	`    printf("交换后的10个整数依次是：\n");`
22	`    for(i=0;i<10;i++)        // 循环输出数组的每个元素值`
23	`        printf("%d\t", a[i]);`
24	`    printf("\n");`

```
25      }
26      void swap(int *px,int *py)      //定义实现数据交换的函数
27      {
28          int temp;
29          temp=*px;
30          *px=*py;
31          *py=temp;
32      }
```

3. 输入一个字符串，从中查找字符"k"，若找到，则输出"已找到!"，否则输出"没找到!"。
【程序代码】

```
1       #include <stdio.h>
2       void main()
3       {
4           char string[100],*p;
5           int flag=0;                 //定义标志变量，初值为0，表示没找到
6           puts("请输入一个字符串：");
7           gets(string);               //调用库函数从键盘输入字符串
8           p=string;                   //将指针变量p指向字符串
9           while(*p!='\0')
10          {
11              if(*p=='k')             //若p指向指定字符，则修改标志变量为1，停止查找
12              {
13                  flag=1;
14                  break;
15              }
16              p++;
17          }
18          if(flag==1)                 //若flag为1，表示找到，输出相应信息
19              printf("已找到!\n");
20          else                        //否则，没找到，输出相应信息
21              printf("没找到!\n");
22      }
```

4. 采用指针变量作为形参，编写一个实现两字符交换的函数。在主函数中输入一个字符串，调用字符交换函数将其中的字符按从小到大的顺序排序后输出。

编程思路：采用顺序比较法排序。第 1 趟将第 1 个字符与其后的每个字符进行比较，将最小的字符排到第 1 的位置，第 2 趟将第 2 个字符与其后的每个字符进行比较，将次小的字符排到第 2 的位置……直到结束。

【程序代码】

```
1       #include <stdio.h>
2       void main()
```

3	{
4	char str[80], i, j;
5	void swap(char *pa,char *pb);
6	printf("请输入字符串: ");
7	gets(str);
8	for(i=0; str[i]!='\0';i++) //排序
9	for(j=i+1;str[j]!='\0';j++)
10	if(str[i]> str[j]) //若字符逆序,则交换字符
11	swap(&str[i], &str[j]);
12	printf("排序后的字符串:%s\n", str); //输出排序后的字符串
13	}
14	void swap(char *pa,char *pb) //自定义函数实现两字符交换
15	{
16	char t;
17	t=*pa;
18	*pa=*pb;
19	*pb=t;
20	}

5. 编写一个类似库函数 strcat( )的函数,实现两个字符串的连接,并在 main( )函数中验证该自定义函数的功能。

【程序代码】

1	#include <stdio.h>
2	void main()
3	{
4	char str1[100]="ABC";
5	char str2[]="DEF";
6	char * scat(char *s1,char *s2);
7	printf("连接后的字符串:%s\n",scat(str1,str2));
8	}
9	char * scat(char *s1,char *s2) //将 s2 字符串连接到 s1 串之后
10	{
11	char *p,*q;
12	p=s1;
13	while(*p!='\0')
14	p++; //先将指针 p 移至串 1 的末尾
15	q=s2;
16	while(*q!='\0')
17	{
18	*p=*q;
19	p++;
20	q++;
21	}
22	*p='\0'; //在连接后的字符串末尾加上字符串结束符'\0'
23	return s1;

6. 编写函数，判断一个字符串是否是回文。在主函数中输入一个字符串，调用自定义函数，输出结果。所谓回文是指顺读和倒读都一样的字符串。如"XZYKYZX"是回文字符串。

【程序代码】

```
1   #include <stdio.h>
2   #include <string.h>
3   void main()
4   {
5       char s[50];
6       int hw(char *s);         //自定义回文判断函数的声明
7       puts("请输入一个字符串：");
8       gets(s);
9       if(hw(s))                //调用回文判断函数，是回文时，函数的返回值为1
10          printf("该字符串是回文！\n");
11      else
12          printf("该字符串不是回文！\n");
13  }
14  //定义函数判断回文，是则返回1，否则返0
15  int hw(char *s)
16  {
17      int flag=1;              //定义标志变量，赋初值1
18      char *p,*q;
19      for(p=s,q=s+strlen(s)-1;p<q;p++,q--)
20      {
21          if(*p!=*q)  //若对称位置上的字符不同，则不是回文，将标志变量置0，停止判断
22          {
23              flag=0;
24              break;
25          }
26      }
27      return flag;             //返回标志变量的值
28  }
```

7. 编写程序，从键盘输入月份号，输出该月的英文名。例如，若输入"5"，则输出"May"，要求用指针数组实现。

【程序代码】

```
1   #include <stdio.h>
2   void main()
3   {
4       char *month[]={"January","Feberary","March","April",
            "May","June","July","August","September","October",
```

	"November","December"};
5	int m;
6	printf("请输入月份值(1～12 之间的整数)：");
7	scanf("%d",&m);
8	printf("对应的月份英文名称是：%s\n",month[m-1]);
9	}

8．编写程序，从键盘输入职工人数及每位职工的信息，包括：职工号、姓名和工资，输出所有职工的平均工资及工资低于 2 000.00 元的职工信息。要求采用数组和动态存储分配两种方法来实现。

【程序代码】（采用数组）

1	#include <stdio.h>
2	struct worker //定义职工信息对应的结构体类型
3	{
4	char num[10]; //职工号
5	char name[10]; //职工姓名
6	float salary; //职工工资
7	};
8	void main()
9	{
10	struct worker w[100],*p=w;
11	int n,i;
12	float sum=0; //定义变量存放职工的工资总和
13	printf("请输入职工人数：");
14	scanf("%d",&n);
15	for(i=0;i<n;i++) //循环输入每个职工的基本信息
16	{
17	printf("请输入第%d 个职工的信息(职工号、姓名和工资)\n",i+1);
18	scanf("%s%s%f",p->num,p->name,&(p->salary));
19	sum=sum+p->salary; //累加职工的工资
20	p++;
21	}
22	printf("所有人的平均工资是：%.2f\n",sum/n);
23	printf("工资低于 2000.00 元的职工信息:\n");
24	p=w;
25	printf("职工号\t 姓名\t 工资\n");
26	for(i=0;i<n;i++)
27	{
28	if((p->salary)<2000)
29	printf("%s\t%s\t%.2f\n",p->num,p->name,p->salary);
30	p++;
31	}
32	}

【程序代码】（采用动态存储分配）

1	#include <stdio.h>

```c
2     #include <stdlib.h>
3     struct worker                           //定义职工信息对应的结构体类型
4     {
5         char num[10];                       //职工编号
6         char name[10];                      //职工姓名
7         float salary;                       //职工工资
8     };
9     void main()
10    {
11        struct worker *p,*p1;
12        int n,i;
13        float sum=0;                        //定义变量存放职工的工资总和
14        printf("请输入职工人数：");
15        scanf("%d",&n);
16        p1=(struct worker *)malloc(sizeof(struct worker)*n);  //申请存储空间
17        p=p1;
18        for(i=0;i<n;i++)                    //循环输入每个职工的基本信息
19        {
20            printf("请输入第%d 个职工的信息(职工号、姓名和工资)\n",i+1);
21            scanf("%s%s%f",p->num,p->name,&(p->salary));
22            sum=sum+p->salary;   //累加职工的工资
23            p++;
24        }
25        printf("所有人的平均工资是：%.2f\n",sum/n);
26        printf("工资低于 2000.00 元的职工信息:\n");
27        p=p1;
28        printf("职工号\t 姓名\t 工资\n");
29        for(i=0;i<n;i++)
30        {
31            if((p->salary)<2000)
32                printf("%s\t%s\t%.2f\n",p->num,p->name,p->salary);
33            p++;
34        }
35    }
```

9. 编写函数 fun()，将一个数字字符串转换成与之相同的整数。例如，如果输入的字符串为"12345"，则函数返回整数 12345。要求函数的形参采用指针变量。

【程序代码】

```c
1     #include <stdio.h>
2     #include <string.h>
3     void main()
4     {
5         char s[10];
```

6	`    int n;`
7	`    int fun(char *s);`
8	`    printf("请输入不超过9个字符的数字串：");`
9	`    gets(s);`
10	`    n=fun(s);`
11	`    printf("对应的整数为：%d\n",n);`
12	`}`
13	`int fun(char *s)`
14	`{`
15	`    int len,i,k,n=0;    //n 存放转换过来的整数`
16	`    len=strlen(s);`
17	`    for(i=0;i<len;i++)`
18	`    {`
19	`        k=s[i]-'0';    //将字符转换为对应的整数数字`
20	`        n=n*10+k;      //将 d 加到整数的末尾`
21	`    }`
22	`    return n;`
23	`}`

10. 编写一个类似库函数 strlen( )的函数，求字符串的长度，在 main( )函数中输入一个字符串，调用该函数后输出结果。要求函数的形参采用指针变量。

【程序代码】

1	`#include <stdio.h>`
2	`void main()`
3	`{`
4	`    char str[30];`
5	`    int strlen1(char *);`
6	`    printf("请输入字符串：");`
7	`    gets(str);`
8	`    printf("字符串长度为：%d\n",strlen1(str));`
9	`}`
10	`int strlen1(char *p)`
11	`{`
12	`    int len=0;`
13	`    while(*p!='\0')`
14	`    {`
15	`        len++;`
16	`        p++;`
17	`    }`
18	`    return len;`
19	`}`

7.2 等考模拟试题

一、单项选择题

1. 若有定义语句：char *name[]={"JAME","XML","C++"};，则 name[2]的值是（   ）。
   （A）一个字符   （B）一个地址   （C）一个字符串   （D）不定值

【解析】char *name[ ]是一个字符指针数组，数组元素 name[2]是一个指针，因此，其值是一个地址。

【答案】B

2. 以下程序的输出结果是（   ）。

```
1   #include <stdio.h>
2   #include <stdlib.h>
3   void main()
4   {
5       int *a,*b,*c;
6       a=(int *)malloc(sizeof(int));
7       b=c=a;
8       *a=3;
9       *b=4;
10      *c=5;
11      printf("%d,%d,%d\n",*a,*b,*c);
12  }
```

（A）5,5,5   （B）4,4,5   （C）3,4,5   （D）3,3,4

【解析】指针 a、b 和 c 都指向相同的存储空间，这样*a=3;*b=4;*c=5;3 条语句执行后，存储空间中存放的值是 5。所以调用 printf( )输出的是同一个存储单元的值 5。

【答案】A

3. 以下程序试图通过指针变量 p 对变量 n 进行输入和输出，但程序中有多处错误，下列选项中，语句正确的是（   ）。

```
1   #include <studio.h>
2   void main ()
3   {
4       int n,*p=NULL;
5       *p=&n;
6       printf ("输入n: ");
7       scanf ("%d", &p);
8       printf ("输出n: ");
9       printf ("%d\n", p);
10  }
```

(A) int n, *p=NULL; (B) *p=&n;
(C) scanf("%d", &p); (D) printf ("%d\n", p);

【解析】赋值语句等号两边的类型必须相匹配。A 选项中，将 p 设为空指针，它不指向任何存储单元，正确。B 选项中，等号左边是 p 所指存储单元的内容，而等号右边是 n 的地址，两者不匹配，故不正确。C 选项中，scanf( )函数要求采用普通变量的地址，指针 p 本身就表示了变量的地址，前面不用再加&，故不正确。D 选项中，printf( )要求输出变量的值，而 D 选项中的参数是指针 p，前面应加*，故不正确。

【答案】A

4. 设有定义：int a[4][5],*p,*q[4];，以下语句中(0≤i<4)错误的是（　　）。
    (A) p=a;   (B) q[i]=a[i];   (C) p=a[i];   (D) p=&a[2][1];

【解析】指针 p 的基类型是 int，可指向 int 型的二维数组元素，因此，D 选项正确；a[i]代表第 i 行的首元素 a[i][0]的地址，因此，C 选项正确；q 是指针数组，每个数组元素存放的都是地址，可以存放二维数组各元素的地址，因此，B 选项正确；数组名 a 表示二维数组的地址，但它是一个行地址，相当于一个二级指针，而 p 是一级指针，因此 p=a 错误。

【答案】A

5. 设有定义：char s[7][8],(*k)[6],*p;，则以下赋值语句中正确的是（　　）。
    (A) p=s;   (B) p=k;   (C) p=s[1];   (D) k=s;

【解析】p 是指向 char 类型数据的指针，可以将二维数组元素的地址赋给它，s[1]代表了&s[1][0]，因此，C 选项正确。s 是二维数组名，是一个行指针，k 也是行指针，但 s、k 的指针级别不同于 p，不能赋给 p，因此，A 选项和 B 选项错误。D 选项中，二维数组的列数 8 与指针变量 k 指向的行元素个数 6 不同，因此，D 选项错误，正确的定义是(*k)[8]。

【答案】C

6. 设有以下函数：

```
1  void f(int n,char s)
2  {…}
```

下面对指向函数的指针的定义和赋值均正确的是（　　）。
    (A) void (*p)( ); p=f;   (B) void *p( ); p=f;
    (C) void *p( ); *pf=f;   (D) void (*p)(int,char);p=f;

【解析】B 和 C 选项中定义的是返回值为指针的函数，不是指向函数的指针，因此错误。A 选项中，函数的参数不一致，错误。D 选项中，函数的参数一致，函数名表示函数的首地址，正确。

【答案】D

7. 设有定义：int (*p)[8];，则下列说法中正确的是（　　）。
    (A) 定义了基类型为 int 的 8 个指针变量
    (B) 定义了基类型为 int 的具有 8 个元素的指针数组
    (C) 定义了一个名为*p、具有 8 个元素的整型数组
    (D) 定义了一个名为 p 的指针变量，它可以指向每行有 8 个数据的整型二维数组

【解析】p 是一个行指针，可以指向二维数组。
【答案】D

8．已知字母 A 的 ASCII 码值是 65，以下程序的输出结果是（　　）。

```
1   #include <stdio.h>
2   void f(char *p)
3   {
4       while(*p)
5       {
6           if(*p%2)
7               printf("%c",*p);
8           p++;
9       }
10  }
11  void main()
12  {
13      char a[]="ABCDE";
14      f(a);
15      printf("\n");
16  }
```

（A）BA　　　（B）ABC　　　（C）DE　　　（D）ACE

【解析】调用 f() 函数时，将实参数组名 a 传递给指针变量 p，然后通过 p 来使用字符数组中的字符，输出 ASCII 码值是奇数的字符。因此输出为 ACE。
【答案】D

9．下面程序段的运行结果是（　　）。

```
1   char s[]="ABC",*p=s;
2   printf("%d\n",*(p+3));
```

（A）67　　　（B）0　　　（C）字符 C 的地址　　　（D）C

【解析】指针变量 p 指向的是字符串的首地址，p+3 指向了字符串结束标志'\0'，因此，*(p+3) 的值为'\0'，其 ASCII 码值是 0。
【答案】B

10．下列选项中，能够满足"若字符串 s1 等于字符串 s2，则执行 i=11"要求的语句是（　　）。

（A）if(strcmp(s2,s1)==0) i=11;　　　（B）if(sl==s2) i=11;
（C）if(strcpy(sl,s2)==1) i=11;　　　（D）if(sl-s2==0) i=11;

【解析】对于字符串而言，不能用关系运算符进行比较，而要调用 strcmp() 函数，若函数的返回值为 0，则两个字符串相等，因此，A 选项正确。两指针相减，得到的是两指针之间元素的个数，D 选项错误。
【答案】A

11. 下面程序的输出结果是（　　）。

```
1   #include <stdio.h>
2   void main()
3   {
4       int b[10]={1,2,3,4,5,6,7,8,9,10},*p=b;
5       printf("%d\n",*(p+3));
6   }
```

（A）3　　　　（B）4　　　　（C）1　　　　（D）2

【解析】指针变量 p 指向数组的首元素，（p+3）就指向数组的第 4 个元素。题目中要求输出的是元素的值。

【答案】B

12. 下面程序的输出结果是（　　）。

```
1   #include <stdio.h>
2   void main ()
3   {
4       int a[10]={1,2,3,4,5,6,7,8,9,20}, *p1=&a[3], *p2=p1+2;
5       printf ("%d\n", *p1 + *p2 );
6   }
```

（A）16　　　　（B）10　　　　（C）8　　　　（D）6

【解析】指针变量 p1 指向数组元素 a[3]，p2 指向 p1 后面的第 2 个元素即 a[5]。所以最终输出的值为 a[3]+a[5]=4+6=10。

【答案】B

13. 下面程序的输出结果是（　　）。

```
1   #include <stdio.h>
2   void main ()
3   {
4       int a[]={2,4,6,8,10},sum=0,i,*p;
5       p=&a[1];
6       for(i=1;i<3;i++)
7           sum=sum+p[i];
8       printf ("%d\n",sum);
9   }
```

（A）10　　　　（B）11　　　　（C）14　　　　（D）15

【解析】指针变量 p 指向数组 a[1]。for 循环中 i 从 1 递增到 2，每次让 sum 累加 p[i]的值，而 p[i]写成指针形式就是*(p+i)。所以两次 sum 加的值分别是 a[2]和 a[3]的值，即 6+8=14。

【答案】C

14. 下面程序的输出结果是（　　）。

```
1   #include <stdio.h>
```

```
2    void fun(int a[])
3    {
4        a[2] = a[0]+a[1];
5    }
6    void main ()
7    {
8        int a[10]={1,2,3,4,5,6,7,8,9,10};
9        fun(&a[2]);
10       printf ("%d\n",a[4]);
11   }
```

(A) 6　　　　　(B) 7　　　　　(C) 5　　　　　(D) 8

【解析】 fun( )函数的形参为一个 int 型数组,可以把它看作是一个 int 型指针,函数调用时,传给形参数组 a 的是{3,4,5,6,7,8,9,10},执行语句 a[2]=a[0]+a[1];后,形参数组 a 变成{3,4,7,6,7,8,9,10},实参数组 a 变成{1,2,3,4,7,6,7,8,9,10}。所以结果是 7。

【答案】 B

15. 下面程序的输出结果是(　　　)。

```
1    #include <stdio.h>
2    void f(int b[])
3    {
4        int k;
5        for (k=2; k<6; k++)
6            b[k]=b[k]*2;
7    }
8    void main ()
9    {
10       int a[10]={1,2,3,4,5,6,7,8,9,10},i;
11       f(a);
12       for(i=0;i<10; i++)
13           printf("%d,",a[i]);
14   }
```

(A) 1,2,3,4,5,6,7,8,9,10,　　　　　(B) 1,2,6,8,10,12,7,8,9,10,
(C) 1,2,3,4,10,12,14,16,9,10,　　　(D) 1,2,6,8,10,12,14,16,9,10,

【解析】 数组名作为函数参数的情况类似于指针,属"地址传递",故修改形参数组元素的值时会同时修改实参数组元素的值。f()函数通过一个 for 循环语句将下标从 2 到 5 的每个数组元素乘以 2。因此,调用结束时数组 a 中的内容为 B。

【答案】 B

16. 下面程序的输出结果是(　　　)。

```
1    #include <stdio.h>
2    void fun(int *p,int i)
3    {
```

4	*p=*(p+i);
5	}
6	void main()
7	{
8	int a[10]={1,2,3,4,5,6,7,8,9,10},i;
9	fun(a,2);
10	for(i=0;i<5;i++)
11	{
12	printf("%d ",a[i]);
13	}
14	printf("\n");
15	}

（A）1 3 1 3 4   （B）2 2 3 4 5
（C）3 2 3 4 5   （D）1 2 3 4 5

【解析】数组名和指针变量作为函数的参数，是按地址方式传递。fun()函数执行时，p指向数组元素a[0]，p+2指向数组元素a[2]，这样*p=*(p+i)执行后，a[0]的值为a[2]的值，即a[0]=3。所以main()函数的输出依次是：3,2,3,4,5。

【答案】C

17. 下面程序的输出结果是（　　　）。

1	#include <stdio.h>
2	void f(int *p,int *p1);
3	void main()
4	{
5	int m=3,n=4,*r=&m;
6	f(r,&n);
7	printf("%d,%d",m,n);
8	}
9	void f(int *p,int *p1)
10	{
11	p=p+1;
12	*p1=*p1+1;
13	}

（A）3,4   （B）4,7   （C）3,5   （D）3,7

【解析】f()函数中，指针变量p和p1分别指向变量m和n。语句p=p+1;改变了指针p的指向，但不改变m的值，m的值依然是3；语句*p1=*p1+1;修改了n的值，使n由原来的4变为5。

【答案】C

18. 下面程序的输出结果是（　　　）。

1	#include <stdio.h>
2	int sum=2;

```
3     int  f(int *k)
4     {
5         sum=sum+*k;
6         return(sum);
7     }
8     void main()
9     {
10        int a[10]={1,2,3,4,5,6,7,8},i;
11        for(i=2;i<4;i++)
12        {
13            sum=f(&a[i])+sum;
14            printf("%d ",sum);
15        }
16        printf("\n");
17    }
```

（A）8 10   （B）12 10   （C）10 28   （D）10 12

【解析】 sum 为全局变量。第 1 次调用函数时，i=2，实参是&a[2]；形参 k 指向数组元素 a[2]，这样 sum=2+a[2]=5；返回到主函数，执行语句 sum=f(&a[2]) + sum = 5+5=10，sum 值变为 10。第 2 次调用函数，i=3,实参是&a[3]；k 指向 a[3]，sum=10+a[3]=14；返回到主函数，执行语句 sum=f(&a[3])+sum =14+14=28，输出 sum 值 28。

【答案】 C

19．下面程序的输出结果是（　　）。

```
1     #include <stdio.h>
2     int  f(int  (*p)[4],int n,int j)
3     {
4         int m, i;
5         m=p[0][j];
6         for(i=1; i<n; i++)
7           if(p[i][j]>m)
8             m=p[i][j];
9         return m;
10    }
11    void main()
12    {
13        int a[4][4]={{1,2,3,4},{11,12,13,14},
                      {21,22,23,24},{31,32,33,34}};
14        printf("%d\n", f(a,4,0));
15    }
```

（A）40   （B）31   （C）41   （D）38

【解析】main( )中调用 f(a,4,0)，将二维数组的首地址 a 传递给形参指针 p，n=4，j=0，函数 f( )中，m 的初值为 p[0][0]，循环语句的功能是求 p[0][0]、p[1][0]、p[2][0]、p[3][0]这 4 个元素的最大值，最大值为 31。

【答案】B

20. 下面程序的输出结果是（　　）。

```
1   #include <stdio.h>
2   void f(int *s, int i, int j)
3   {
4       int t;
5       while(i<j)
6       {
7           t=s[i];
8           s[i]=s[j];
9           s[j]=t;
10          i++;
11          j--;
12      }
13  }
14  void main()
15  {
16      int a[10]={1,2,3,4,5,6,7,8,9,0},k;
17      f(a,0,3);
18      f(a,4,9);
19      f(a,0,9);
20      for(k=0;k<10;k++)
21          printf("%d",a[k]);
22      printf("\n");
23  }
```

（A）0987654321　　　　　　　（B）4321098765
（C）5678901234　　　　　　　（D）0987651234

【解析】f( )函数的功能是将数组下标范围在 i~j 之间的元素进行逆序存储。第 1 次调用 f( )函数后，数组元素变为 4,3,2,1,5,6,7,8,9,0；第 2 次调用 f( )后，数组元素变为 4,3,2,1,0,9,8,7,6,5；第 3 次调用 f( )后，数组元素变为 5,6,7,8,9,0,1,2,3,4。

【答案】C

21. 下面程序的输出结果是（　　）。

```
1   #include <stdio.h>
2   #include <string.h>
3   void main()
4   {
5       char a[20]= "ABCD\0EFG\0",b[]="IJK";
6       strcat(a,b);
7       printf("%s\n",a);
```

```
8    |  }
```

程序运行后的输出结果是（　　）。

　　（A）ABCDE\0FG\0IJK　　　　　　（B）ABCDIJK
　　（C）IJK　　　　　　　　　　　　（D）EFGIJK

【解析】因为'\0'是字符串结束标志，字符数组 a 中存储的实际有效的字符串是"ABCD"，因此，调用字符串连接函数后的输出结果是"ABCDIJK"。

【答案】B

22．下面程序的输出结果是（　　）。

```
1   #include <stdio.h>
2   void fun(char *p,char t)
3   {
4       while(*p)
5       {
6           if(*p==t)
7               *p=t-'a'+'A';
8           p++;
9       }
10  }
11  void main()
12  {
13      char s[20]="abcddfefdad",c='a';
14      fun(s,c);
15      printf("%s\n",s);
16  }
```

　　（A）ABCDDEFEDAD　　　　　　（B）abcDDfefDAD
　　（C）AbcddfefdAd　　　　　　　（D）ABCDdfefdad

【解析】fun( )函数的功能是将字符串中的小写字母 a 转换为大写字母 A。p++是使 p 指向数组的下一个元素。

【答案】C

23．下面程序的输出结果是（　　）。

```
1   #include <stdio.h>
2   #include <string.h>
3   void fun(char *s[],int n)
4   {
5       char *t;
6       int  i,j;
7       for(i=0;i<n-1;i++)
8           for(j=i+1;j<n;j++)
9               if(strlen(s[i])>strlen(s[j]))
10              {
```

```
11                    t=s[i];
12                    s[i]=s[j];
13                    s[j]=t;
14              }
15      }
16      void main()
17      {
18          char *p[]={"abc","defg","hi","jklmno","pqrst"};
19          fun(p,5);
20          printf("%s,%s\n",p[0],p[4]);
21      }
```

（A）hi,jklmno　　　　（B）jklmno,hi　　　　（C）defg, pqrst　　　　（D）pqrst,abc

【解析】函数 fun(char *s[ ],int n)的功能是将字符串按长度从小到大排序。排序结束后，*p[]={"hi", "abc", "defg", "pqrst", "jklmno"}，p[0]和p[4]分别指向字符串"hi"和"jklmno"。

【答案】A

24. 以下程序的输出结果是（　　）。

```
1       #include <stdio.h>
2       #include <string.h>
3       void main()
4       {
5           char s[][20]={"abc", "defg"},*p=s[1];
6           printf("%d, ",strlen(p));
7           printf("%s\n",p);
8       }
```

（A）3, abc　　　　（B）3, defg　　　　（C）4, defg　　　　（D）4, abc

【解析】s[1]对应的字符串是"defg"，指针p指向该字符串，因此strlen(p)的值是4。

【答案】C

25. 以下程序的运行结果是（　　）。

```
1       #include <stdio.h>
2       void f(char *p,char *p1)
3       {
4           while(*p=='$')
5               p++;
6           while(*p1=*p)
7           {
8               p1++;
9               p++;
10          }
11      }
12      void main()
13      {
```

```
14        char *s="$$$$a$bcde$$$$",s1[20];
15        f(s,s1);
16        puts(s1);
17    }
```

  （A）$$$$a$bcde　　　　　　　（B）a$bcde
  （C）a$bcde$$$$　　　　　　　（D）abcde

【解析】在 f( )函数中，第 1 个 while 循环的作用是跳过 p 指向的字符串开头连续的'$'字符，当读到第 1 个不是'$'的字符时，结束循环。接着进入第 2 个 while 循环，条件*p1=*p 是将 p 指向的字符复制到 p1 指向的存储单元中，当*p 是'\0'时，结束循环。结果是将 s 的子串"a$bcde$$$$"复制到了字符数组 s1 中。

【答案】C

26. 对下面的程序段，能给 w 中的 year 成员赋 2001 的语句是（　　）。

```
1    struct worker
2    {
3        char name[10];
4        struct
5        {
6            int day;
7            int month;
8            int year;
9        }date;
10   };
11   struct worker w,*p;
12   p=&w;
```

  （A）*p.year=2001;　　　　　　（B）w.year=2001;
  （C）p->year=2001;　　　　　　（D）w.date.year=2001;

【解析】结构体类型 struct worker 内嵌了一个结构体类型 date。给 w 中的成员 year 赋值的方式有：w.date.year、(*p).date.year、(p->date).year。

【答案】D

27. 对于类型相同的两个指针变量，它们之间不能进行（　　）运算。
  （A）+　　　　（B）-　　　　（C）=　　　　（D）==

【解析】-表示求两指针间的元素值，=表示赋值，==表示比较，这几种运算都可以。

【答案】A

28. 已知：int i=20,*p=&i;，则 printf("%d\n",++*p);的输出是（　　）。
  （A）20　　　　（B）22　　　　（C）21　　　　（D）19

【解析】++和*优先级相同，单目运算符的结合方向是从右向左，所以++*p 相当于++(*p)，又相当于++i，而表达式++i 的值是 21。

【答案】C

29. 以下定义中，指针 s 所指向的字符串的长度为（　　）。

```
char *s="\t\'name\\address\n";
```

(A) 19　　　　(B) 18　　　　(C) 15　　　　(D) 17

【解析】\t、\'、\\、\n 都是转义字符，只代表一个字符。

【答案】C

30．已知：int x,y;，则正确的赋值语句是（　　）。

(A) y=(y[1]+y[2])/2;　　　　　　(B) y*=*y+1;
(C) y=(x=1,x++,x+2)　　　　　　(D) y="good"

【解析】(x=1,x++,x+2)是一个逗号表达式，可以将其值赋给变量 y，其他选项中变量 y 的类型都不对。

【答案】C

31．若有以下说明语句，则对数组元素 a 的引用正确的是（　　）。

```
int a[4][5],(*p)[5]; p=a;
```

(A) p+1　　　(B) *(p+3)　　　(C) *(p+1)+3　　　(D) *(*p+2)

【解析】p 是行指针，*(p+3)是列指针。

【答案】D

32．设有以下语句：

```
int a[10]={0,1,2,3,4,5,6,7,8,9},*p=a;
```

则当 0≤i＜10 时，对数组 a 的引用错误的是（　　）。

(A) a[p-a]　　　(B) *(*(a+1))　　　(C) p[i]　　　(D) *(&a[i])

【解析】二维数组才能采用 B 选项的引用方式。

【答案】B

二、填空题

1．对以下定义，不移动指针 p，且通过指针 p 使用值为 98 的数组元素的表达式是_____。

```
int a[]={23, 54, 10, 33, 47, 98, 72, 80, 61, 102},*p=a;
```

【答案】*(p+5)

2．以下程序的输出结果是_____。

```
#include <stdio.h>
void f(int y,int *x)
{
    y=y+*x;
    *x=*x+y;
}
void main()
{
    int x=2, y=4;
    f(y,&x);
    printf("%d,%d\n",x,y);
```

```
12      }
```

【解析】函数 f( )中，形参 x 是指针变量，对*x 进行赋值实际上是修改主函数中的实参变量 x。形参 y 是普通变量，对它的修改不会影响到实参。

【答案】8,4

3．以下程序的输出结果是_____。

```
1    #include <stdio.h>
2    void main()
3    {
4        char s[]="9876", *p;
5        for (p=s;p<s+2;p++)
6            printf("%s\n",p);
7    }
```

【解析】第 1 次循环时，指针变量 p 指向字符串的首字符，输出时将输出整个字符串；第 2 次循环时，指针变量 p 指向字符串的第 2 个字符，输出时将输出从第 2 个字符开始至字符串结束的部分字符串。

【答案】9876
　　　　876

4．以下程序通过函数指针变量 p 调用函数 fun( )，请写出定义变量 p 的语句。

```
1    void fun(int *x,int *y)
2    {...}
3    void main()
4    {
5        int a=12, b=25;
6        _____;
7        p=fun;
8        p(&a, &b);
9        ...
10   }
```

【答案】void (*p)(int *,int *)

5．以下程序的输出结果是_____。

```
1    #include <stdio.h>
2    void main()
3    {
4        char *a[]={"abcd","ef","gh","ijk"};
5        int i;
6        for(i=0;i<4;i++)
7            printf("%c",*a[i]);
8    }
```

【解析】*a[ ]是指针数组,其中数组元素*a[0]指向第 1 个字符串的首字符,即'a',当以%c格式输出时,将输出字母 a;其他数组元素的处理过程与之类似。

【答案】aegi

6. 以下程序的输出结果是_____。

```
1   #include <stdio.h>
2   void main()
3   {
4       int a[3][3],*p,i;
5       p=&a[0][0];
6       for(i=0;i<9;i++)
7           p[i]=i+1;
8       printf("%d\n",a[1][2]);
9   }
```

【解析】p=&a[0][0]是把数组的第 1 个元素的地址赋给了指针变量 p。a[1][2]是数组中的第 6 个元素,所以输出结果是 6。

【答案】6

7. 以下程序的输出结果是_____。

```
1   #include <stdio.h>
2   int fun(char *a,char *b)
3   {
4       int i=0,j=0;
5       while(*(a+i)!='\0')
6           i++;
7       while(b[j])
8       {
9           *(a+i)=b[j];
10          i++;
11          j++;
12      }
13      return i;
14  }
15  void main()
16  {
17      char a[20]="abcd",b[20]="1234";
18      printf("%d, %s\n",fun(a,b),a);
19  }
```

【解析】第 1 个 while 循环计算字符串 a 的长度,第 2 个 while 循环,将字符串 a 和 b 相连,最后返回连接后的总长度。

【答案】8,abcd1234

8. 设有以下语句:

```
1    int a[3][2]={3,4,5,6,7,8};
2    int (*p)[2];
3    p=a;
```

则*(*(p+1)+1)的值是_____，*(p+2)是元素_____的地址。

【解析】p 是指向二维数组行的指针变量，数组 a 的元素 a[1][1]的值为 6，*(*(p+1)+1)的值与 a[1][1]相等。p+2 指向数组的最后一行，*(p+2)指向最后一行的首列元素(即 a[2][0])。

【答案】6，a[2][0]

9. 设有以下语句：

```
1    int a[4]={1,2,3,4};
2    int *p[4]={&a[0],&a[1],&a[2],&a[3]};
```

则**(p+2)的值是_____，*(p+3)的值是元素_____的地址。

【解析】p 是指针数组，其中数组元素 p[0]、p[1]、p[2]、p[3]分别指向 a[0]、a[1]、a[2]、a[3]，*(p+2)相当于 p[2]，*(p[2])相当于 a[2]，其值为 3。

【答案】3，a[3]

10. 以下函数的功能是：把字符串 b 连接到字符串 a 的后面，并返回 a 中新字符串的长度。请填空。

```
1    int strcat1(char a[],char b[])
2    {
3        int num=0, n=0;
4        while(*(a+num)!= _____ )
5            num++;
6        while(b[n])
7        {
8            *(a+num)=b[n];
9            num++;
10           n++ ;
11       }
12       return(num);
13   }
```

【解析】第 1 个循环语句的功能是找到字符串 a 的末尾，第 2 个循环的功能是把字符串 b 连接到字符串 a 的后面。

【答案】'\0'

11. 以下 strlength( )函数的功能是：计算 s 所指向的字符串的长度，并作为函数值返回。请填空。

```
1    int strlength(char *s)
2    {
3        int i;
4        for(i=0; _____ != '\0';i++);
5        return(i);
```

```
6      }
```

【解析】显然循环条件是要判断 s 所指向的字符串中,第 i 个字符的值是否为字符串结束标志,可用 *(s+i)来访问字符串中的第 i 个元素,*(s+i)相当于 s[i]。

【答案】*(s+i)

12. 以下程序的功能是借助指针变量找出数组中最大值元素所在的位置并输出最大值。请填空。

```
1    #include <stdio.h>
2    void main()
3    {
4        int a[20], *p, *p1;
5        for(p=a;p-a<20;p++)
6            scanf("%d",p);
7        for(p=a,p1=a;p-a<20;p++)
8            if(*p>*p1)
9                p1=p;
10       printf("max=%d\n ",_____);
11   }
```

【解析】第 2 个 for 循环在数组中查找最大值元素,并使指针变量 p1 指向它。

【答案】*p1

13. 以下程序的输出结果是_____。

```
1    #include <stdio.h>
2    #include <string.h>
3    #include <stdlib.h>
4    void main()
5    {
6        char *p; int i;
7        p=(char *)malloc(sizeof(char)*10);
8        strcpy(p,"abcde");
9        for(i=4;i>=0;i--)
10           putchar(*(p+i));
11       printf("\n");
12       free(p);
13   }
```

【解析】在 main( )函数中调用 malloc( )函数,系统分配了 10 个字节的连续空间,并将该空间的首地址赋给指针变量 p;然后将字符串 "abcde" 复制到 p 指向的空间里。for 循环从字符空间中第 5 个字符开始倒着依次输出各字符。

【答案】edcba

14. 以下程序的输出结果是_____。

```
1    #include <stdio.h>
```

```
2       void main()
3       {
4           int a,b,k=4,m=6,*p1=&k,*p2=&m;
5           a=*p2;
6           b=(*p1)/(*p2)+7;
7           printf("a=%d\t",a);
8           printf("b=%d\n",b);
9       }
```

【答案】a=6   b=7

15．以下函数用来求两个整数之和，并通过形参将结果返回，请填空。

```
1       void func(int x ,int y ,_____ z)
2       {
3           *z=x+y ;
4       }
```

【答案】int *

16．以下函数cmp( )的功能是：比较字符串s和s1的大小，当s等于s1时返回0，否则返回s和s1中第一个不同字符的ASCII码值之差。请填空。

```
1       cmp(char *s,char *s1)
2       {
3           while(*s==*s1)
4           {
5               if (*s=='\0')
6                   return 0;
7               ++s;
8               ++s1;
9           }
10          return_____ ;
11      }
```

【解析】两字符串比较，若遇到字符串结束标志，且两字符串相等，则函数返回0值。当对应字符不相同时，循环结束，函数返回两个当前字符之差，所以在空格处应填入*s-*s1，当s>s1时，返回正值；当s<s1时，返回负值。

【答案】(*s-*s1)

17．以下程序的输出结果是_____。

```
1       #include <stdio.h>
2       #include <string.h>
3       struct stu
4       {
5           int a;
6           char b[10];
7           double c;
```

```
8       };
9       void fun(struct stu *p);
10      void main()
11      {
12          struct stu a={1,"WangBing", 70.5};
13          fun(&a);
14          printf("%d,%s,%.1f\n", a.a, a.b, a.c);
15      }
16      void fun(struct stu *p)
17      {
18          strcpy(p->b, "LiLi");
19      }
```

【解析】fun( )函数的形参 p 是指向结构体变量的指针变量，调用函数 fun(&a);时，形参 p 指向结构体变量 a，函数体内将字符串"LiLi"复制到 p 指向的结构体成员 b 中。

【答案】1,LiLi,70.5

18．以下程序的功能是：建立一个带有头结点的单向链表，链表结点中的数据通过键盘输入，当输入数据为-1 时，表示输入结束。请填空。

```
1   #include <stdio.h>
2   struct list
3   {
4       int data;
5       struct list *next;
6   };
7   struct list *creatlist()
8   {
9       struct list *p,*q,*head;
10      int a;
11      head=(struct list *)malloc(sizeof(struct list));
12      p=q=head;
13      printf("请输入一个整数,输入-1时结束:\n");
14      scanf("%d",&a);
15      while(a!=-1)
16      {
17          p=(struct list*)malloc(sizeof(struct list));
18          _____=a;
19          q->next=p;
20          _____=p;
21          scanf("%d",&a);
22      }
23      p->next='\0';
24      return(head);
25  }
26  void main()
27  {
28      struct list * head;
```

```
29        head=creatlist();
30   }
```

【解析】 本题考查的是链表，链表的特点是结构体变量中有两个域：一个是数据，另一个是指向下一个结点的指针。程序中 head 用来指向头结点，q 用来指向链表的尾结点，p 用来指向新建立的结点。

【答案】 p->data，q

19. 以下程序的输出结果是_____。

```
1    #include <stdio.h>
2    void f(int *p)
3    {
4        p[0]=p[1];
5    }
6    void main()
7    {
8        int a[10]={1,2,3,4,5,6,7,8,9,10},i;
9        for(i=2;i>=0;i--)
10           f(&a[i]);
11       for(i=0;i<10;i++)
12           printf("%d",a[i]);
13       printf("\n ");
14   }
```

【解析】 在 main( ) 函数中调用函数 f( ) 的过程如下：

第 1 次调用 f(&a[2])，即把从 a[2] 的地址传递给形参指针变量 p，p 指向的数组是 3,4,5,6,7,8,9,10。f( )函数体中 p[0]的值为 3，p[1]的值为 4，执行语句 p[0]=p[1];后，实质上改变的是 main( )函数中元素 a[2]的值。因此第 1 次调用后，main( )函数中数组 a 的元素为 1,2,4,4,5,6,7,8,9,10。

第 2 次调用传的是 main( )函数中数组元素 a[1]的地址，因此 p 指向数组 2,4,4,5,6,7,8,9, 10。f( )函数体中语句 a[0]=a[1];，将 2 变成了 4，改变的实际上是 main( )函数中元素 a[1]的值。数组 a 变为 1,4,4,4,5,6,7,8,9,10。

第 3 次调用传的是 main( )函数中 a[0]的地址，p 指向数组 a 的起始位置。f( )函数体中语句 a[0]=a[1];改变的实际上是 main( )函数中元素 a[0]的值。数组 a 变为 4,4,4,4,5,6,7,8,9,10。

【答案】 4,4,4,4,5,6,7,8,9,10

20. 以下程序的输出结果是_____。

```
1    #include <stdio.h>
2    void main()
3    {
4        int i,a[]={1,2,3,4,5,6,7,8,9,10},*p=a+5;
5        for(i=3; i; i--)
6        {
7            switch(i)
```

```
8            {
9                case 1:
10               case 2: printf("%d",*p++); break;
11               case 3: printf("%d",*(--p));
12           }
13       }
14   }
```

【解析】指针 p 最初指向数组元素 a[5]，接着执行 for 循环，i 依次可取 3、2、1。过程如下：

i=3 时：switch 语句中执行 case 3 分支后的语句，输出*(--p)的值，p 先自减 1，指向 a[4]，再取 p 指向的数组元素的值(5)进行输出。

i=2 时：switch 语句中执行 case 2 分支后的语句，输出*p++的值，先取 p 指向的数组元素的值(5)进行输出，再将 p 自增 1，指向 a[5]。

i=1 时：switch 语句中执行 case 1 分支后的语句，也就是 case 2 后的语句，则先取 p 指向的数组元素的值(6)进行输出，再将 p 自增 1，指向 a[6]。

【答案】5 5 6

21. 以下程序的输出结果是_____。

```
1    #include <stdio.h>
2    void main()
3    {
4        int a[]={1,2,3,4,5,6,7,8,9,10},*p[3],i;
5        for(i=0;i<3;i++)
6        {
7            p[i]=&a[2*i+1];
8            printf("%d ",p[i][0]);
9        }
10       printf("\n");
11   }
```

【解析】for 循环中对指针数组 p 的各元素依次赋值，让 p[0]、p[1]、p[2]分别指向数组元素 a[1]、a[3]、a[5]，然后输出各指针变量指向的元素的值，依次是 2、4、6。

【答案】2 4 6

三、编程题

1. 编写函数 ltrim( )，用来删除字符串中的前导空格，中间和尾部的空格不删除。例如，字符串为"   A BC DEF "，删除后的结果是"A BC DEF "。要求函数形参采用指针变量。

【程序代码】

```
1    #include <stdio.h>
2    void main()
3    {
4        void ltrim(char *a);
5        char s[100];
6        printf("请输入一个前面带空格的字符串:");
```

```
7       gets(s);
8       ltrim(s);
9       printf("删除前导空格后的结果为:");
10      puts(s);
11   }
12   void ltrim(char *a)
13   {
14      char *p;
15      int i=0;
16      p=a;                              //指针 p 指向字符串的首字符
17      while(*p==' ') p++;               //指针 p 跳过字符串前部的空格
18      while(*p)                         //当 p 指向的不是结束符时,复制 p 指向的字符到 a 中
19      {
20         a[i]=*p;
21         p++;
22         i++;
23      }
24      a[i]='\0';                        //末尾添加字符串结束符'\0'
25   }
```

2. 已知学生的记录由学号和分数构成,从键盘输入若干名学生的数据,调用自定义函数 fun( ),找出分数最高的学生。要求采用结构体数组来保存学生的记录,通过形参指针将找到的结果传回主函数,在主函数中输出结果。

【程序代码】

```
1    #include <stdio.h>
2    #define N 3
3    struct stu
4    {
5       char num[10];
6       int score;
7    };
8    void main()
9    {
10      struct stu a[N],m;
11      int i;
12      void fun(struct stu a[],struct stu *p);
13      printf("请输入%d 个学生的信息:\n",N);
14      for(i=0;i<N;i++)
15         scanf("%s%d",a[i].num,&a[i].score);
16      fun(a,&m);
17      printf("最高分的学生信息为:%s,%d\n",m.num,m.score);
18   }
19   void fun(struct stu a[],struct stu *p)
20   {
```

21	`    int i,j=0;`
22	`    int max=a[0].score;`
23	`    for(i=1;i<N;i++)`
24	`        if(max<a[i].score)`
25	`        {`
26	`            j=i;            //最高分的下标`
27	`            max=a[i].score;`
28	`        }`
29	`    *p=a[j];`
30	`}`

3. 编写函数，将输入的一个整数转换为字符串。如整数1234，转换成字符串"1234"，整数–1234转换成字符串"–1234"。

【程序代码】

1	`#include <stdio.h>`
2	`#include <math.h>`
3	`#include <string.h>`
4	`void main()`
5	`{`
6	`    int x,n;`
7	`    char s[20],*p;`
8	`    char m[30]="-";            //定义字符数组m存放负数转换后的字符串`
9	`    void divide(char *s,int xx);`
10	`    void reverse(char *s);`
11	`    printf("请输入一个整数：");`
12	`    scanf("%d",&x);`
13	`    n=abs(x);                  //调用标准数学函数求整数的绝对值`
14	`    divide(s,n);               //调用函数分解整数n并转换为字符串存入s`
15	`    reverse(s);                //调用函数将s中的字符串逆序放置`
16	`    if(x<0)`
17	`        p=strcat(m,s);         //若是负数，则连接到字符数组m`
18	`    else`
19	`        p=s;`
20	`    printf("整数%d转换后的字符串是：%s\n",x,p);`
21	`}`
22	`void divide(char *s,int xx)    //定义函数分解整数并转换为字符串`
23	`{`
24	`    char *p;`
25	`    int single;`
26	`    p=s;`
27	`    while(xx>0)`
28	`    {`

29	`            //从低位到高位分解出每个数字，求出对应的数字字符，存入s`
30	`            single=xx%10;`
31	`            *p=single+'0';              //求整型变量single对应的字符`
32	`            p++;`
33	`            xx=xx/10;`
34	`        }`
35	`        *p='\0';`
36	`}`
37	`void reverse(char *s)         //定义函数将字符串中的字符逆序存放`
38	`{`
39	`        char t,*p,*q;`
40	`        for(p=s,q=s+strlen(s)-1; p<q; p++,q--)`
41	`        {`
42	`            t=*p;`
43	`            *p=*q;`
44	`            *q=t;`
45	`        }`
46	`}`

4. 利用指向指针的指针和冒泡法对 M×N 矩阵进行处理，使每行元素按照从小到大的顺序排列。

编程思路：矩阵采用 M 行 N 列的二维数组存储，定义一个指针数组，使其中每个元素分别指向矩阵每行的首元素。指向指针的指针 p 再指向指针数组。

【程序代码】

1	`#include <stdio.h>`
2	`#define M 3`
3	`#define N 4`
4	`void main()`
5	`{`
6	`    int a[M][N],i,j,k,t;`
7	`    int **p,*pa[M];`
8	`    printf("请输入矩阵元素：\n");`
9	`    for(i=0;i<M;i++)              //双重循环，按行输入矩阵的每个元素`
10	`        for(j=0;j<N;j++)`
11	`            scanf("%d",&a[i][j]);`
12	`    for(i=0;i<M;i++)              //将指针数组的各元素分别指向矩阵的一行`
13	`        pa[i]=a[i];`
14	`    p=pa;                         //给指向指针的指针赋值，使它指向指针数组的首元素`
15	`    for(k=0;k<M;k++,p++)          //循环处理每行`
16	`        for(i=1;i<=N-1;i++)       //对每一行进行排序，控制冒泡排序的趟数`
17	`            for(j=0;j<N-i;j++)`
18	`                if(*(*p+j)>*(*p+j+1))  //若同一行相邻元素逆序，则交换`

```
19                          {
20                              t=*(*p+j);
21                              *(*p+j)=*(*p+j+1);
22                              *(*p+j+1)=t;
23                          }
24      printf("排序后的矩阵：\n");
25      for(i=0;i<M;i++)
26      {
27          for(j=0;j<N;j++)
28              printf("%d\t",a[i][j]);
29          printf("\n");
30      }
31  }
```

第 8 章 文件

8.1 课后习题解答

一、单项选择题

1. C 语言可以处理的文件类型有（   ）。
   (A) 数据文件和二进制文件   (B) 二进制文件和文本文件
   (C) 数据文件和文本文件   (D) 文本文件和 ASCII 码文件
【答案】B

2. 对 C 语言中文件的存取方式，下面叙述中正确的是（   ）。
   (A) 只能顺序存取   (B) 只能随机存取
   (C) 只能从文件开头存取   (D) 既可顺序存取，又可随机存取
【答案】D

3. 调用 fopen( ) 函数时，如果发生错误，则函数的返回值为（   ）。
   (A) NULL   (B) 地址值   (C) 1   (D) EOF
【答案】A

4. 调用 fopen( ) 函数时，不需要的信息是（   ）。
   (A) 需要打开的文件名   (B) 文件的大小
   (C) 文件指针   (D) 文件的打开方式
【答案】B

5. 有关文件的打开方式，以下叙述中正确的是（   ）。
   (A) 用"r"方式打开文件时只能向文件写数据
   (B) 用"R"方式可以打开文件读数据
   (C) 用"w"方式打开文件时只能向文件写数据，且该文件可以不存在
   (D) 用"a"方式向已存在的文件写入数据时，会覆盖文件的原有数据
【答案】C

6. 已知：FILE *fp; fp=fopen("f1","w");，则以下针对文件 f1 操作的选项中正确的是（   ）。
   (A) 写操作结束后可以从头开始读   (B) 只能写不能读
   (C) 文件 f1 必须存在   (D) 可以随意读写
【解析】"w"为以"写"方式打开文件。此方式打开文件后，只能向磁盘写数据，不能读取

数据；如果文件存在则被覆盖，否则，建立一个新文件。

【答案】 B

7. 有以下程序：

```
1    #include <stdio.h>
2    void main()
3    {
4        FILE *fp;
5        fp=fopen("a.txt","a");
6        fprintf(fp, "good");
7        fclose(fp);
8    }
```

若文件 a.txt 中原有内容为 very，则运行程序后，文件 a.txt 中的内容为（   ）。

（A）verygood　　　　　（B）goodvery　　　　　（C）good　　　　　（D）very

【解析】 语句 f=fopen("a.txt","a")为以"追加"方式打开文件。打开文件时，如果该文件不存在，则新建它；如果存在，则会在原文件的末尾追加内容。

【答案】 A

8. 以下叙述中正确的是（   ）。

（A）C 语言中的文件是流式文件，因此只能顺序存取数据

（B）对于缓冲文件系统，程序中每执行一条读写语句都会访问一次磁盘文件

（C）对文件进行了写操作后，必须先关闭该文件，然后再打开，才能读到第 1 个数据

（D）文件操作完后，必须将文件关闭，否则可能丢失数据

【解析】 C 语言文件有两种存取方式：顺序存取和随机存取，A 选项错误。对于缓冲文件系统，写数据时数据先写入内存缓冲区中，缓冲区装满后才会写入磁盘，B 选项错误。用 rewind( )函数可将文件的位置指针移到文件头；也可用 fseek( )函数对文件指针进行定位，实现文件的直接存取，C 选项错误。文件操作完毕后必须关闭文件，否则缓冲区中的数据可能会丢失，故 D 选项正确。

【答案】 D

9. 若文件指针 fp 已指向"文件结束"处，则函数 feof(fp)的值可能是（   ）。

（A）.T.　　　　　（B）.F.　　　　　（C）0　　　　　（D）1

【解析】 如果文件的位置指针指向文件的末尾，则函数 feof(fp)的值是非 0 整数，否则，其值为 0。

【答案】 D

10. 设文件 a.txt 已经存在，且有如下程序段：

```
1    FILE *fp;
2    fp=fopen("a.txt","r");
3    while(!feof(fp))
4        putchar(fgetc(fp));
```

该程序段的功能是（   ）。

（A）将文件 a.txt 的内容输出到屏幕上
（B）将文件 a.txt 的内容输出到另一个文件中
（C）将文件 a.txt 的第一个字符输出到屏幕上
（D）将文件 a.txt 的内容删除

【答案】A

11．正确调用 fscanf( )函数的格式为（　　　）。
（A）fscanf(文件名,格式控制字符串,输出项地址列表);
（B）fscanf(文件指针,输出项地址列表,格式控制字符串);
（C）fscanf(格式控制字符串,文件指针,输出项地址列表);
（D）fscanf(文件指针,格式控制字符串,输出项地址列表);

【答案】D

12．数据块读函数 fread(buffer,size,count,fp)中，buffer 表示（　　　）。
（A）一个文件指针，代表要读的文件
（B）一个整型变量，代表要读取的次数
（C）一个地址，表示将读取的数据存入以 buffer 为首地址的内存空间中
（D）一个整型变量，代表要读入的数据总量

【答案】C

13．fwrite( )函数的一般调用形式是（　　　）。
（A）fwrite(buffer,count,size,fp);
（B）fwrite(fp,size,count,buffer);
（C）fwrite(fp,count,size,buffer);
（D）fwrite(buffer,size,count,fp);

【答案】D

14．正确调用 fseek( )函数的形式是（　　　）。
（A）fseek(文件指针,起始点,位移量);
（B）fseek(文件指针,位移量,起始点);
（C）fseek(位移量,起始点,文件指针);
（D）fseek(起始点,位移量,文件指针);

【答案】B

15．如果要将存放在双精度型数组 b[10]中的 10 个双精度数写入文件指针 fp 指向的文件中，正确的语句是（　　　）。
（A）for(i=0;i<10;i++) fputc(b[i],fp);
（B）for(i=0;i<10;i++) fputc(&b[i],fp);
（C）for(i=0;i<10;i++) fwrite(&b[i],sizeof(double),1,fp);
（D）fwrite(fp,sizeof(double),10,b);

【答案】C

二、编程题

1．从键盘输入一个学生的姓名和年龄，将其写入磁盘文件中，程序运行结束后用记事本查看文件的内容。

【程序代码】

```
1   #include "stdio.h"
2   #include "stdlib.h"
3   void main()
4   {
5       FILE *fp;                           //定义文件类型指针
6       char name[20],fname[50];
7       int age;
8       printf("请输入姓名和年龄:");
9       scanf("%s%d",name,&age);
10      printf("请输入文件名:");
11      scanf("%s",fname);
12      if((fp=fopen(fname,"w"))==NULL)
13      {
14          printf("不打开文件!\n");
15          exit(0);
16      }
17      fprintf(fp,"%s %d",name,age);
18      fclose(fp);
19  }
```

2. 编程将第1题保存在磁盘文件中的数据读出，并显示在屏幕上。

【程序代码】

```
1   #include "stdio.h"
2   #include "stdlib.h"
3   void main()
4   {
5       FILE *fp;                           //定义文件类型指针
6       char name[20],fname[50];
7       int age;
8       printf("请输入文件名:");
9       scanf("%s",fname);
10      if((fp=fopen(fname,"r"))==NULL)
11      {
12          printf("不打开文件!\n");
13          exit(0);
14      }
15      fscanf(fp,"%s%d",name,&age);
16      printf("%s %d\n",name,age);
17      fclose(fp);
18  }
```

3. 计算Fibonacci数列的前20项，将结果写入磁盘文件中，程序运行结束后用记事本查看文件的内容。要求分别以"文本方式"写入和"二进制方式"写入编程。

【程序代码】（文本方式）

```
1   #include <stdio.h>
2   #define N 20
3   void main()
4   {
5       int i;
6       int f[N]={0,1};
7       FILE *fp;
8       char fname[50];
9       printf("请输入文件名:");
10      scanf("%s",fname);
11      if((fp=fopen(fname,"w"))==NULL)
12      {
13          printf("不能打开文件,写文件失败!\n");
14          return;
15      }
16      for(i=2;i<N;i++)              //计算 Fibonacci 数列
17          f[i]=f[i-1]+f[i-2];
18      for(i=0;i<N;i++)              //将 Fibonacci 数列写入文件中
19          fprintf(fp,"%d",f[i]);
20      fclose(fp);
21  }
```

【程序代码】（二进制方式）

只需修改上述程序中的两行语句：

（1）打开文件时，采用二进制方式，将语句：

```
1   if((fp=fopen(fname,"w"))==NULL)
```

修改为：

```
1   if((fp=fopen(fname,"wb"))==NULL)
```

（2）将以文本方式写修改为以二进制方式写，也就是将语句：

```
1   for(i=0;i<N;i++)
2       fprintf(fp,"%d",f[i]);
```

修改为：

```
1   fwrite(fp,sizeof(int),20,fp);
```

4. 编程将第 3 题保存在磁盘文件中的数据读出，并显示在屏幕上。要求针对文本文件和二进制文件分别编程。

【程序代码】（文本方式）

```
1    #include <stdio.h>
2    #define N 20
3    void main()
4    {
5        int i;
6        int f[N];
7        FILE *fp;
8        char fname[50];
9        printf("请输入文件名:");
10       scanf("%s",fname);
11       if((fp=fopen(fname,"r"))==NULL)
12       {
13           printf("不能打开文件!\n");
14           return;
15       }
16       for(i=0;i<N;i++)
17       {
18           fscanf(fp,"%d",&f[i]);
19           printf("%d",f[i]);
20       }
21       fclose(fp);
22   }
```

【程序代码】（二进制方式）

```
1    #include <stdio.h>
2    #define N 20
3    void main()
4    {
5        int i;
6        int f[N]={1,1};
7        FILE *fp;
8        char fname[50];
9        printf("请输入文件名:");
10       scanf("%s",fname);
11       if((fp=fopen(fname,"rb"))==NULL)
12       {
13           printf("不能打开文件!\n");
14           return;
15       }
16       fread(f,sizeof(int),20,fp);
17       for(i=0;i<N;i++)
18           printf("%d",f[i]);
19       fclose(fp);
20   }
```

5. 从键盘输入一个字符串，将其中的大写字母转换成小写字母后存入磁盘文件中。

【程序代码】

```
1   #include <stdio.h>
2   void main()
3   {
4       int i=0;
5       FILE *fp;
6       char str[100],fname[50];
7       printf("请输入文件名:");
8       gets(fname);
9       if((fp=fopen(fname,"w"))==NULL)
10      {
11          printf("不能打开文件!\n");
12          return;
13      }
14      printf("请输入一个字符串:");
15      gets(str);
16      while(str[i]!='\0')
17      {
18          if(str[i]>='A' && str[i]<='Z')      //判断是否为大写字母
19              str[i]=str[i]+32;                //转换成小写字母
20          i++;
21      }
22      fputs(str,fp);
23      fclose(fp);
24  }
```

6. 编程将第 5 题保存在磁盘文件中的数据读出后显示在屏幕上，并统计其中包含的字符个数。

【程序代码】

```
1   #include <stdio.h>
2   void main()
3   {
4       long count=0;                              //存放字符个数
5       FILE *fp;                                  //定义文件类型指针
6       char c,fname[50];                          //存放要打开的文件名
7       printf("请输入文件名:");
8       scanf("%s",fname);
9       if((fp=fopen(fname,"r"))==NULL)            //以读方式打开文件
10      {
11          printf("不能打开文件,读文件失败!\n");
12          return;
13      }
14      c=fgetc(fp);                               //读取一个字符
15      while(!feof(fp))                           //判断文件内容是否读完
```

```
16          {
17              count++;                              //统计字符数
18              putchar(c);
19              c=fgetc(fp);                          //一个一个字符读
20          }
21          printf("\n字符个数: %d\n",count);
22          fclose(fp);                               //关闭文件
23      }
```

7. 从键盘输入若干行字符（最后一行按 Enter 键时表示输入结束），将它们存入磁盘文件中，再读出这些字符，将其中的大写字母转换成小写字母后写入另一磁盘文件中。

【程序代码】

```
1   #include <stdio.h>
2   #include <stdlib.h>
3   #include <string.h>
4   void main()
5   {
6       int i=0;
7       FILE *fp,*fp1;
8       char str[100],fname[50],fname1[50];
9       printf("请输入两个文件名:\n");
10      gets(fname);
11      gets(fname1);
12      if((fp=fopen(fname,"w+"))==NULL)             //打开第1个文件先写后读
13      {
14          printf("不能打开第1个文件,写文件失败!\n");
15          exit(0);
16      }
17      if((fp1=fopen(fname1,"w"))==NULL)            //打开第2个文件写
18      {
19          printf("不能打开第2个文件,写文件失败!\n");
20          exit(0);
21      }
22      printf("请输入若干行文字:\n");
23      while(strlen(gets(str))>0)                   //读入一行字符并测试长度是否为0
24      {
25          fputs(str,fp);                           //写入磁盘文件
26          fputs("\n",fp);                          //写一个换行符,否则会多行连成一片
27      }
28      rewind(fp);                                  //使文件位置指针重新置于文件开头
29      while(fgets(str,100,fp)!=NULL)               //读一行内容（包含换行符\n）
30      {
31          for(i=0;str[i]!='\n';i++)                //将每一行的大写字母转换成小写字母
32              if(str[i]>='A' && str[i]<='Z')
33                  str[i]=str[i]+32;
```

34	`        printf("%s",str);                    //输出`
35	`        fputs(str,fp1);                      //写入磁盘文件`
36	`    }`
37	`    fclose(fp);`
38	`    fclose(fp1);`
39	`}`

8. 已知产品销售记录包括产品编号、名称、单价、数量、金额（金额=单价×数量）。采用结构体保存数据，并按以下要求编写程序。

（1）编写函数，输入 m 个产品的销售记录数据，将数据保存到二进制文件中。

（2）编写函数，从文件中读取销售记录数据，按金额从小到大排序，若金额相同，则按产品编号从小到大排序，将排序结果保存到另一个二进制文件中。

【程序代码】

1	`#include <stdio.h>`
2	`#include <string.h>`
3	`#include <stdlib.h>`
4	`#define M 3`
5	`struct product`
6	`{`
7	`    char bh[5];                              //产品编号`
8	`    char name[11];                           //产品名称`
9	`    float dj;                                //单价`
10	`    int sl;                                  //数量`
11	`    float je;                                //金额`
12	`}sell[M];`
13	`void Input_Data()`
14	`{`
15	`    FILE *fp;`
16	`    int i;`
17	`    char fname[50];`
18	`    printf("请输入产品销售记录文件名:\n");`
19	`    gets(fname);`
20	`    if((fp=fopen(fname,"wb"))==NULL)`
21	`    {`
22	`        printf("不能打开文件，写文件失败！\n");`
23	`        exit(0);`
24	`    }`
25	`    for(i=0;i<M;i++)`
26	`    {`
27	`        printf("请输入第%d个产品的销售记录数据:\n",i+1);`
28	`        printf("产品编号:");`
29	`        scanf("%s",sell[i].bh);`
30	`        printf("产品名称:");`
31	`        scanf("%s",sell[i].name);`
32	`        printf("单价:");`

```
33              scanf("%f",&sell[i].dj);
34              printf("数量:");
35              scanf("%d",&sell[i].sl);
36              sell[i].je=sell[i].dj*sell[i].sl;
37          }
38          if(fwrite(sell,sizeof(struct product),M,fp)!=M)
39              printf("文件写错误!\n");
40          fclose(fp);
41      }
42      void Sort_Data()
43      {
44          FILE *fp,*fp1;
45          int i,j;
46          char fname[50],fname1[50];
47          struct product t;
48          printf("请输入产品销售记录文件名和排序文件名:\n");
49          scanf("%s%s",fname,fname1);
50          if((fp=fopen(fname,"rb"))==NULL)
51          {
52              printf("不能打开文件,读文件失败!\n");
53              exit(0);
54          }
55          fread(sell,sizeof(struct product),M,fp);
56          fclose(fp);
57          for(i=1;i<=M-1;i++)                         //排序,控制趟数
58              for(j=0;j<M-i;j++)                      //控制每一趟的比较次数
59                  if((sell[j].je>sell[j+1].je)||(sell[j].je==sell[j+1].je
60                      && strcmp(sell[j].bh,sell[j+1].bh)>0))   //两两比较
61                  {
62                      t=sell[j];
63                      sell[j]=sell[j+1];
64                      sell[j+1]=t;
65                  }
66          if((fp1=fopen(fname,"wb"))==NULL)           //打开排序文件,以便写数据
67          {
68              printf("不能打开文件,写文件失败!\n");
69              exit(0);
70          }
71          for(i=0;i<M;i++)
72          {
73              fwrite(&sell[i],sizeof(struct product),1,fp1);
74              printf("%s\t%s\t%f\t%d\t%f\n",sell[i].bh,sell[i].name,
75                  sell[i].dj,sell[i].sl,sell[i].je);
76          }
77          fclose(fp1);
78      }
```

```
79  void main()
80  {
81      Input_Data();
82      Sort_Data();
83  }
```

8.2 等考模拟试题

一、单项选择题

1. 已知：FILE *fp;，若要打开一个已存在的非空文本文件"t1.txt"进行修改，正确的选项是（　　）。

（A）fp=fopen("t1.txt","r");　　　　（B）fp=fopen("t1.txt","ab+");
（C）fp=fopen("t1.txt","w");　　　　（D）fp=fopen("t1.txt","r+");

【解析】"r"打开方式只能读；"w"打开方式只能写；"r+"打开方式既能读又能写，正确；"ab+"打开方式是向二进制文件进行读和追加操作。

【答案】D

2. 下列叙述中错误的是（　　）。

（A）语句 FILE fp;定义了一个名为 fp 的文件指针
（B）C 语言中对二进制文件的访问速度比文本文件快
（C）C 语言中能随机读取以二进制文件形式存放的数据
（D）C 语言中文本文件以 ASCII 形式存放数据

【解析】语句 FILE *fp 才是定义一个名为 fp 的文件指针。

【答案】A

3. 对于以下程序，描述正确的是（　　）。

```
1   #include <stdio.h>
2   void main()
3   {
4       FILE *fp1,*fp2;
5       char file1[10],file2[10];
6       printf("请输入第 1 个文件名:\n");
7       scanf("%s",file1);
8       printf("请输入第 2 个文件名:\n");
9       scanf("%s",file2);
10      if((fp1=fopen(file1,"r"))==NULL)
11      {
12          printf("cannot open file1\n");
13          exit(0);
14      }
15      if((fp2=fopen(file2,"w"))==NULL)
16      {
```

```
17              printf("cannot open file2\n");
18              exit(0);
19          }
20          while(!feof(fp1))
21              fputc(fgetc(fp1),fp2);
22          fclose(fp1);
23          fclose(fp2);
24      }
```

（A）程序的功能是：将一个磁盘文件复制到另一个磁盘文件中
（B）程序的功能是：将两个磁盘文件合并
（C）程序的功能是：在屏幕上显示两个磁盘文件的信息
（D）程序的功能是：将两个磁盘文件合并，并在屏幕上显示

【解析】fgetc(fp1)实现从 fp1 所指向的文件中逐个字符地读取数据。fputc(fgetc(fp1),fp2)是将从 fp1 中获取的字符写入 fp2 所指向的文件中。

【答案】A

4. 假设 a1.txt 和 a2.txt 的内容分别为 123!和 456!，则下面程序段的输出结果为（　　）。

```
1   #include <stdio.h>
2   void f(FILE *p)
3   {
4       char c;
5       while((c=fgetc(p))!='!') putchar(c);
6   }
7   void main()
8   {
9       FILE *fp;
10      fp=fopen("a1.txt","r");
11      f(fp);
12      fclose(fp);
13      fp=fopen("a2.txt","r");
14      f(fp);
15      fclose(fp);
16      putchar('\n');
17  }
```

（A）123　　　　　　　　　　　　　（B）456
（C）123456　　　　　　　　　　　　（D）以上答案都不正确

【解析】第 1 次调用函数 f(fp)，文件指针*fp 与*p 均指向文件 a1.txt。fgetc(p)读取文件 a1.txt 中的字符，并在屏幕上输出。第 2 次调用函数 f(fp)，文件指针*fp 与*p 均指向文件 a2.txt，读取文件 a2.txt 中的字符，并在屏幕上输出。因此，屏幕上显示的是 123456。

【答案】C

5. 以下程序运行后，文件 f2.txt 中的内容是（　　）。

```
1   #include <stdio.h>
2   #include <string.h>
3   void fc(char fname[],char ch[])
4   {
5       FILE *fp;
6       int i;
7       fp=fopen(fname,"a");
8       for(i=0;i<strlen(ch);i++)
9           fputc(ch[i],fp);
10      fclose(fp);
11  }
12  void main()
13  {
14      fc("f2.txt","very");
15      fc("f2.txt","good");
16  }
```

（A）程序编译出错　　　　　　　　　　（B）verygood
（C）good　　　　　　　　　　　　　　（D）very

【解析】 fp=fopen(fname,"a")为以追加方式打开文件。以追加方式打开文件后进行写操作，新内容写在原来内容之后。

【答案】 B

6．以下程序的输出结果是（　　）。

```
1   #include <stdio.h>
2   void main()
3   {
4       FILE *fp;
5       char str[10];
6       fp=fopen("myfile.txt","w");
7       fputs("file",fp);
8       fclose(fp);
9       fp=fopen("myfile.txt","a+");
10      fprintf(fp,"%d",28);
11      rewind(fp);
12      fscanf(fp,"%s",str);
13      puts(str);
14      fclose(fp);
15  }
```

（A）因类型不一致而出错　　　　　　　（B）28
（C）28file　　　　　　　　　　　　　　（D）file28

【解析】 第1次以写方式打开文件，并用 fputs( )函数将字符串"file"写入文件。第2次以读、追加方式打开文件，并用 fprintf( )函数将28写入文件，这样文件内容为 file28。rewind( )函数将文件的位置指针定位到文件开头处。fscanf( )函数将文件内容以字符串形式读到数组 str 中。

puts( )函数将数组 str 的值在屏幕上显示出来。

【答案】D

7. 若文件 a1.txt 的内容为 hello everyone，则以下程序的输出结果是（   ）。

```
1   #include <stdio.h>
2   #include <string.h>
3   void main()
4   {
5       FILE *fp;
6       char str[10];
7       fp=fopen("a1.txt","r");
8       fgets(str,5,fp);
9       printf("%s",str);
10      fclose(fp);
11  }
```

　　（A）hell　　　　　（B）hello　　　　（C）hello e　　　　　（D）hello everyone

【解析】fgets(str,n,fp)是读取一个长度为 n-1 的字符串，第 n 个字符为字符串结束标志。

【答案】A

8. 以下程序的输出结果是（   ）。

```
1   #include <stdio.h>
2   void main()
3   {
4       FILE *fp;
5       int a[10]={7,8,9},i,n;
6       fp=fopen("d1.dat","w");
7       for(i=0;i<3;i++)
8           fprintf(fp,"%d",a[i]);
9       fprintf(fp,"\n");
10      fclose(fp);
11      fp=fopen("d1.dat","r");
12      fscanf(fp,"%d",&n);
13      fclose(fp);
14      printf("%d\n",n);
15  }
```

　　（A）987　　　　　（B）78900　　　　（C）7　　　　　（D）789

【解析】用 fprintf( )函数将数组的值格式化写入文件后，文件的内容为 789。fscanf( )函数将文件的内容读到变量 n 中，printf( )函数输出 n 的值为 789。

【答案】D

9. 以下程序的输出结果是（   ）。

```
1   #include <stdio.h>
2   void main()
```

```
3      {
4          FILE *fp;
5          int i,n,k,a[6]={1,2,3,4,5,6};
6          fp=fopen("d2.dat","w");
7          fprintf(fp,"%d%d\n",a[0],a[1]);
8          fprintf(fp,"%d%d%d\n",a[3],a[4],a[5]);
9          fclose(fp);
10         fp=fopen("d2.dat","r");
11         fscanf(fp,"%d%d",&k,&n);
12         printf("%d %d\n",k,n);
13         fclose(fp);
14     }
```

　　(A) 123 456　　　(B) 12 456　　　(C) 12 45　　　(D) 1 4

【解析】数据分 2 行写入文件中，"\n"为两个数据间分隔符。第 1 个 fprintf( )函数将前 2 个数组元素的值（即 1，2）写入文件，数字间没有分隔符，12 占一行。第 2 个 fprintf( )函数将 3 个数组元素的值（即 4，5，6）写入文件，数字间没有分隔符，456 占一行。由于数字间没有分隔符，每一行是一个数，fscanf( )函数读取 2 个数放入变量 k 和 n 中，这样 k=12，n=456。

【答案】B

10．以下程序的输出结果是（　　）。

```
1      #include <stdio.h>
2      void main()
3      {
4          FILE *fp;
5          int i,m,n;
6          fp=fopen("d6.dat","w+");
7          for(i=1;i<6;i++)
8          {
9              fprintf(fp,"%d",i);
10             if(i%3==0) fprintf(fp,"\n");
11         }
12         rewind(fp);
13         fscanf(fp,"%d%d",&m,&n);
14         printf("%d %d\n",m,n);
15         fclose(fp);
16     }
```

　　(A) 1 2　　　(B) 12 3　　　(C) 123 45　　　(D) 1 4

【解析】fprintf( )函数将 i 的值写入文件中。当 i%3==0 时，换行，即写入数字 123 后换行，数字 45 在下一行写入。rewind( )函数将文件的位置指针定位于文件开始处。fscanf( )函数从文件中读取 2 个数放入变量 m 和 n 中，因此 m=123，n=45。

【答案】C

11．以下程序的输出结果是（　　）。

```
1    #include <stdio.h>
2    void main()
3    {
4        FILE *fp;
5        int a[10]={1,2,0,0},i;
6        fp=fopen("d5.dat","w");
7        fwrite(a,sizeof(int),5,fp);
8        fwrite(a,sizeof(int),5,fp);
9        fclose(fp);
10       fp=fopen("d5.dat","r");
11       fread(a,sizeof(int),10,fp);
12       fclose(fp);
13       for(i=0;i<10;i++)
14           printf("%d",a[i]);
15   }
```

(A) 1200012000　　　　　　　　(B) 1200000000
(C) 12001200　　　　　　　　　(D) 12000000

【解析】两次调用 fwrite( )函数都是将数组 a 中的 5 个整数写入文件，因此，文件的内容为 1200012000。fread( )函数将文件中 10 个整数读出并放入数组 a 中，最后将这 10 个数输出。

【答案】A

12. 以下程序的输出结果是（　　）。

```
1    #include <stdio.h>
2    void main ()
3    {
4        FILE *fp;
5        int i,a[8]={1,2,3,4,5,6,7,8};
6        fp=fopen("d.dat","wb+");
7        fwrite(a,sizeof(int),8,fp);
8        fseek(fp,sizeof(int)*4,SEEK_SET);
9        fread(a,sizeof(int),4,fp);
10       fclose(fp);
11       for(i=0;i<8;i++)
12           printf("%d,",a[i]);
13   }
```

(A) 1,2,3,4,5,6,7,8,　　　　　　(B) 5,6,7,8,5,6,7,8,
(C) 5,6,7,8,1,2,3,4,　　　　　　(D) 8,7,6,5,4,3,2,1,

【解析】语句 fwrite(a,sizeof(int),8,fp)是将数组的值写入 fp 所指向的文件中。fseek(fp,sizeof(int)*4,SEEK_SET)是使文件的位置指针从文件头向后移动 4 个 int 型数据。语句 fread(a,sizeof(int),4,fp)是从文件当前位置读取 4 个 int 数据到数组 a 中，即 5、6、7、8，这样就覆盖了数组 a 原来的前 4 项值，即 a[8]={5,6,7,8,5,6,7,8}。

【答案】B

13. 以下程序的输出结果是（　　）。

1	`#include <stdio.h>`
2	`void main()`
3	`{`
4	`    FILE *fp;`
5	`    int i;`
6	`    char ch[]="abcd",k;`
7	`    fp=fopen("abc","wb+");`
8	`    for(i=0;i<4;i++)`
9	`        fwrite(&ch[i],1,1,fp);`
10	`    fseek(fp,-2L,SEEK_END);`
11	`    fread(&k,1,1,fp);`
12	`    fclose(fp);`
13	`    printf("%c\n",k);`
14	`}`

（A）a　　　　　　（B）b　　　　　　（C）c　　　　　　（D）d

【解析】语句 fwrite(&ch[i],1,1,fp);是将数组 ch 的值写到 fp 所指向的文件中，文件内容为"abcd"。语句 fseek(fp,-2L,SEEK_END)是将文件位置指针移到离文件末尾 2 个字符的位置，即指向字符 c（注意文件末尾在最后一个字符的后面，而非最后一个字符）。语句 fread(&k,1,1,fp) 读取当前位置指针所指向的字符，并赋给变量 k，所以 k='c'。

【答案】C

14. 执行以下程序后，test 文件的内容是（　　）。

1	`#include <stdio.h>`
2	`void main()`
3	`{`
4	`    FILE *fp;`
5	`    char s1[30]="Visual Basic",s2[30]="C++ !";`
6	`    fp=fopen("test","wb");`
7	`    fwrite(s1,12,1,fp);`
8	`    fseek(fp,-5L,SEEK_END);`
9	`    fwrite(s2,5,1,fp);`
10	`    fclose(fp);`
11	`}`

（A）Visual C++ !　　　　　　（B）Visual Basic C++ !
（C）Basic　　　　　　　　　（D）C++ ! Visual Basic

【解析】语句 fwrite(s1,12,1,fp)是把 s1 中从首地址开始的 12 个字符写到 fp 所指向的文件中，文件内容为 Visual Basic。语句 fseek(fp,-5L,SEEK_END)是将文件的位置指针移到离文件尾 5 个字符的位置，即指向字符 B。语句 fwrite(s2,5,1,fp)是将 s2 中从首地址开始的 5 个字符写到文件的当前位置处，这样"C++!"覆盖了原来文件中的"Basic"。因此，文件内容为"Visual C++ !"。

【答案】A

15. 执行以下程序后，test.txt 文件的内容是（　　）。

```
1   #include <stdio.h>
2   void main()
3   {
4       FILE *fp;
5       char s1[30]="shut door",s2[30]="open";
6       fp=fopen("test.txt","w");
7       fwrite(s1,9,1,fp);
8       fseek(fp,0L,SEEK_SET);
9       fwrite(s2,4,1,fp);
10      fclose(fp);
11  }
```

（A）shut door　　　　　　　　（B）open door
（C）shut　　　　　　　　　　　（D）open

【解析】语句 fwrite(s1,9,1,fp)是把 s1 中从首地址开始的 9 个字符写到 fp 所指向的文件中，文件内容为 shut door。语句 fseek(fp,0L,SEEK_SET)是将文件位置指针移到文件开头。语句 fwrite(s2,4,1,fp)是将 s2 中的 4 个字符写到 fp 所指向的文件中，这样 open 覆盖了原来文件中的 shut，文件内容为 open door。

【答案】B

二、填空题

1. 以下程序用来判断指定文件是否能正常打开，请填空。

```
1   #include <stdio.h>
2   void main()
3   {
4       FILE *fp;
5       if (((fp=____("t1.txt","w"))==____))
6           printf("未能打开文件! \n" );
7       else
8           printf("文件打开成功! \n");
9   }
```

【解析】打开文件用 fopen( )函数，如果文件不能正常打开，则返回一个空指针 NULL。
【答案】fopen，NULL

2. 以下程序将文件 f1.txt 中的字符逐个读出并显示在屏幕上。请填空。

```
1   #include <stdio.h>
2   void main()
3   {
4       FILE *fp;
5       char ch;
6       fp=fopen____;
```

```
7        ch=fgetc(fp);
8        while(!feof(fp))
9        {
10           putchar(ch);
11           ch=_____;
12       }
13       putchar('\n');
14       fclose(fp);
15   }
```

【解析】以读方式打开文本文件,用"r",给定文件名为 f1.txt。逐个读入字符用函数 fgetc( )。

【答案】("f1.txt","r"), fgetc(fp)

3. 以下程序用来统计文件中字符的个数。请填空。

```
1    #include <stdio.h>
2    void main()
3    {
4        int count=0;
5        _____;
6        if((fp=fopen("a.txt","r+"))==NULL)
7           printf("不能打开文件,读文件失败!\n");
8        fgetc(fp);
9        while(_____)
10       {
11           fgetc(fp);
12           count++;
13       }
14       printf("字符个数: %d\n",count);
15       _____;
16   }
```

【解析】定义文件指针用语句 FILE *fp;。用 feof(fp)函数来判断文件内容是否读完。关闭文件用 fclose(fp)函数。

【答案】FILE *fp, !feof(fp), fclose(fp)

4. 当调用函数 fread( )从磁盘文件中读取数据时,若函数的返回值为6,则表明_____;若函数的返回值为0,则表明_____。

【解析】fread(buffer,size,count,fp)函数执行成功,返回值为读取的数据项的个数,即 count 的值。函数的返回值为 0,表示文件结束或出错。

【答案】读取的数据项的个数为6,文件结束或出错

5. 下面的程序以二进制"写"方式打开文件 d1.dat,写入 1~100 这 100 个整数后关闭文件。再以二进制"读"方式打开文件 d1.dat,将这 100 个整数读到另一个数组 b 中,并输出。请填空。

```
1    #include <stdio.h>
```

```
2    void main()
3    {
4        FILE *fp;
5        int i,a[100],b[100];
6        fp=fopen("d1.dat","_____");
7        for(i=0;i<100;i++)
8            a[i]=i+1;
9        fwrite(a,sizeof(int),100,fp);
10       _____;
11       fp=fopen("d1.dat",_____);
12       fread(_____,sizeof(int),100,fp);
13       fclose(fp);
14       for(i=0;i<100;i++)
15           printf("%d\n",b[i]);
16   }
```

【解析】以二进制写方式打开文件，用"wb"，写完后用 fclose(fp)关闭文件；再以二进制读方式打开文件，填"rb"，读出的数据放入数组 b 中。

【答案】wb，fclose(fp)，"rb"，b

6．以下程序将数组 a 中的 4 个元素和数组 b 中的 6 个元素写到名为"f1.dat"的二进制文件中，请填空。

```
1    #include <stdio.h>
2    void main()
3    {
4        FILE *fp;
5        char a[4]="1234", b[6]="abcedf";
6        fp=fopen("_____","wb");
7        fwrite(a,sizeof(char),4,fp);
8        fwrite(b,_____,1,fp);
9        fclose(fp);
10   }
```

【解析】给定文件名为 f1.dat，数组 b 有 6 个字符，因此第 2 处应填写 6 或 6*sizeof(char)。

【答案】f1.dat，6 或 6*sizeof(char)

7．以下程序的功能是用"追加"方式打开文件"f1.txt"，并查看文件指针的位置；然后向文件中写入字符串"data"，再查看文件指针的位置。

```
1    #include <stdio.h>
2    void main()
3    {
4        FILE *fp;
5        long p;
6        fp=fopen_____;
```

7	p=_____;
8	printf("文件指针的位置为：%ld\n", p);
9	fprintf_____;
10	p=_____;
11	printf("文件指针的位置为：%ld\n", p);
12	fclose(fp);
13	}

【解析】给定文件名为 f1.txt，"a" 为追加方式。查看文件指针的当前位置用函数 ftell(fp)。

【答案】("f1.txt","a")，ftell(fp)，(fp,"%s","data")，ftell(fp)

三、编程题

1．从键盘输入一个 M×N 二维数组，将其值以矩阵形式在屏幕上显示出来，并以矩阵形式写入文件中。

【程序代码】

1	#include <stdio.h>
2	#define M 3
3	#define N 4
4	void main()
5	{
6	int i,j,array[M][N];
7	FILE *fp;
8	char fname[50]; //存放要打开的文件名
9	printf("请输入文件名:");
10	scanf("%s",fname);
11	printf("请输入数据: ");
12	for (i=0;i<M;i++)
13	for(j=0;j<N;j++)
14	scanf("%d",&array[i][j]);
15	for (i=0;i<M;i++)
16	{
17	for(j=0;j<N;j++)
18	printf("%7d",array[i][j]);
19	printf("\n");
20	}
21	fp=fopen(fname, "w");
22	for(i=0;i<M;i++)
23	{
24	for(j=0;j<N;j++)
25	fprintf(fp, "%7d",array[i][j]);
26	fprintf(fp,"\n");
27	}
28	fclose(fp);
29	}

2．求 1～M 能被 7 或者 11 整除的整数，将结果以每行 5 个数显示在屏幕上，并以同样格式写入文件中。

第 8 章 文件

【程序代码】

```
1   #include <stdio.h>
2   #define M 100
3   void main()
4   {
5       int bb[M],i,n=0;
6       FILE *fp;
7       char fname[50];             //存放要打开的文件名
8       printf("请输入文件名:");
9       scanf("%s",fname);
10      for(i=1;i<=M;i++)
11          if(i%7==0||i%11==0)
12          {
13              bb[n]=i;
14              n++;
15          }
16      for(i=0;i<n;i++ )
17      {
18          printf("%4d", bb[i]);
19          if((i+1)%5==0)
20              printf("\n");
21      }
22      printf("\n");
23      fp=fopen(fname, "w");
24      for(i=0;i<n;i++ )
25      {
26          fprintf(fp,"%4d",bb[i]);
27          if((i+1)%5==0)
28              fprintf(fp,"\n");
29      }
30      fclose(fp);
31  }
```

3. 按以下要求编写程序：

（1）编写函数 min( ) 求 Fibonacci 数列中大于整数 t 的最小数。Fibonacci 数列 F(n)的定义为：F(0)=0，F(1)=1，F(n)=F(n-1)+F(n-2)。

（2）用记事本在源程序所在目录下建立一个文本文件 in.txt，并输入 5 个整数到该文件中。编写函数从 in.txt 文件中依次读取这 5 个数，调用函数 min( ) 求 Fibonacci 数列中大于该数的最小数，将结果显示在屏幕上，并输出到文件 out.txt 中。

【程序代码】

```
1   #include <stdio.h>
2   #define M 5
3   int min(int t)
4   {
5       int f0=0,f1=1,fn;
```

6	fn=f0+f1;
7	while(fn<=t)
8	{
9	f0=f1;
10	f1=fn;
11	fn=f0+f1;
12	}
13	return fn;
14	}
15	void write_data()
16	{
17	FILE *fp,*fp1;
18	int i,n,s;
19	fp=fopen("in.txt","r");
20	fp1=fopen("out.txt","w");
21	for(i=0;i<M;i++)
22	{
23	fscanf(fp,"%d",&n); //从文件中读取数据，放入变量n中
24	s=min(n); //调用函数
25	printf("%d ",s);
26	fprintf(fp1,"%d ",s); //结果写入文件
27	}
28	fclose(fp);
29	fclose(fp1);
30	}
31	void main()
32	{
33	write_data();
34	}

4．用记事本在源程序所在目录下建立一个文本文件，并输入一些数据到文件中。编程读出该文本文件的内容，反序写入另一个文本文件中。

【程序代码】

1	#include "stdio.h"
2	#include "stdlib.h"
3	#define N 200
4	void main()
5	{
6	int i=0; //保存从文件中读到的字符数
7	char fname[20],fname1[20]; //存放文件名
8	char data[N];
9	FILE *fp1,*fp2; //定义文件类型指针
10	printf("请输入读和写的文件名:");

```
11          scanf("%s%s",fname,fname1);
12          if((fp1=fopen(fname,"r"))==NULL)        //以读方式打开文件
13          {
14              printf("不打开文件读!\n");
15              exit(0);
16          }
17          if((fp2=fopen(fname1,"w"))==NULL)       //以写方式打开文件
18          {
19              printf("不能打开文件写!\n");
20              exit(0);
21          }
22          while(!feof(fp1))
23          {
24              data[i]=fgetc(fp1);                 //用 fgetc 从文件中读字符到数组中
25              i++;
26          }
27          //退出以上循环时,读了文件结束标志一次,且执行了 i++,需减 1
28          i=i-1;
29          while(i>0)                              //控制反序操作
30          {
31              fputc(data[i-1],fp2);               //写入目标文件,数组下标从 0 开始
32              i--;
33          }
34          fclose(fp1);
35          fclose(fp2);
36      }
```

5. 某商场有若干个种商品,每种商品的信息包括编号、名称、每季度的营业额(单位:万元)。从键盘输入每种商品的信息,计算每种商品的年平均营业额,将原有数据和平均值存入二进制文件 yye.bin 中,再从文件 yye.bin 中将数据读出并显示在屏幕上。

【程序代码】

```
1   #include <stdio.h>
2   #define N 3                              //N 个商品
3   #define M 4                              //M 个季度
4   struct gs
5   {
6       char bh[6];                          //商品编号
7       char mc[10];                         //商品名称
8       float yue[M];                        //季度营业额
9       float ave;                           //平均营业额
10  }goods[N];                               //定义结构体数组
11  void main()
12  {
13      FILE *fp;                            //定义文件类型指针
14      int i,j;
15      float sum;
```

```
16      for(i=0;i<N;i++)
17      {
18          printf("请输入第%d 商品的信息:\n",i+1);
19          printf("编号:");
20          scanf("%s",goods[i].bh);
21          printf("名称:");
22          scanf("%s",goods[i].mc);
23          sum=0.0;
24          for(j=0;j<M;j++)
25          {
26              printf("输入%d 个季度的营业额:",j+1);
27              scanf("%f",&goods[i].yue[j]);
28              sum=sum+goods[i].yue[j];
29          }
30          goods[i].ave=sum/M;
31      }
32      if((fp=fopen("yye.bin","wb+"))==NULL)      //以二进制写方式打开文件
33      {
34          printf("不能打开文件,写文件失败!\n");
35          return;
36      }
37      fwrite(goods,sizeof(struct gs),N,fp);      //写数据到文件中
38      rewind(fp);
39      //从文件中读数据
40      printf("编号\t 名称\t1 季度\t2 季度\t3 季度\t4 季度\t 平均额\n");
41      for(i=0;i<N;i++)
42      {
43          fread(&goods[i],sizeof(struct gs),1,fp);
44          printf("%s\t%s\t%7.2f\t%7.2f\t%7.2f\t%7.2f\t%7.2f\n",
45              goods[i].bh,goods[i].mc,goods[i].yue[0],goods[i].yue[1],
46              goods[i].yue[2],goods[i].yue[3],goods[i].ave);
47      }
48      fclose(fp);
49  }
```

6. 将第 5 题 yye.bin 文件中的数据按平均营业额由高到低进行排序,并将排序后的数据写入文件 sort.bin 中。

【程序代码】

```
1   #include <stdio.h>
2   #include <stdlib.h>
3   #define N 3                         //N 个商品
4   #define M 4                         //M 个季度
5   struct gs
6   {
7       char bh[6];                     //商品编号
8       char mc[10];                    //商品名称
9       float yue[M];                   //季度营业额
```

```
10          float ave;                                      //平均营业额
11      }goods[N],temp;                                     //定义结构体数组
12      void main()
13      {
14          FILE *fp;                                       //定义文件类型指针
15          int i,j,n;
16          if((fp=fopen("yye.bin","rb"))==NULL)             //以读方式打开文件
17          {
18              printf("不能打开文件！\n");
19              exit(0);
20          }
21          for(i=0;fread(&goods[i],sizeof(struct gs),1,fp)!=0;i++);  //读数据
22          fclose(fp);
23          n=i;
24          for(i=1;i<=n;i++)                                                //排序
25              for(j=0;j<n-i;j++)
26              {
27                  if(goods[j].ave<goods[j+1].ave)
28                  {
29                      temp=goods[j];
30                      goods[j]=goods[j+1];
31                      goods[j+1]=temp;
32                  }
33              }
34          if((fp=fopen("sort.bin","wb"))==NULL)            //以写方式打开文件
35          {
36              printf("不能打开文件，写文件失败！\n");
37              exit(0);
38          }
39          printf("编号\t 名称\t1 季度\t2 季度\t3 季度\t4 季度\t 平均额\n");
40          for(i=0;i<n;i++)
41          {
42              fwrite(&goods[i],sizeof(struct gs),1,fp);    //块写文件
43              printf("%s\t%s\t%7.2f\t%7.2f\t%7.2f\t%7.2f\t%7.2f\n",
44                  goods[i].bh,goods[i].mc,goods[i].yue[0],goods[i].yue[1],
45                  goods[i].yue[2],goods[i].yue[3],goods[i].ave);
46          }
47          fclose(fp);
48      }
```

7. 将第 6 题已排序的数据读出，并从键盘输入一个新的商品信息，将其插入已排序的数据中，使所有数据仍保持有序，最后将数据存入文件 sort_ins 中。

【程序代码】

```
1   #include <stdio.h>
2   #include <stdlib.h>
3   #define N 4                                              //N 个商品
```

```
4    #define M 4                                    //M个季度
5    struct gs
6    {
7        char bh[6];                                //商品编号
8        char mc[10];                               //商品名称
9        float yue[M];                              //季度营业额
10       float ave;                                 //平均营业额
11   }goods[N],y;                                   //定义结构体数组
12   void main()
13   {
14       FILE *fp;                                  //定义文件类型指针
15       int i,t,n;
16       float sum=0.0;
17       printf("请输入一个新的商品信息:\n");
18       printf("编号:");
19       scanf("%s",y.bh);
20       printf("名称:");
21       scanf("%s",y.mc);
22       for(t=0;t<M;t++)
23       {
24           printf("输入%d 个季度的营业额:",t+1);
25           scanf("%f",&y.yue[t]);
26           sum=sum+y.yue[t];
27       }
28       y.ave=sum/M;
29       //从文件中读数据
30       if((fp=fopen("sort.bin","rb"))==NULL)       //以读方式打开文件
31       {
32           printf("不能打开读文件!\n");
33           exit(0);
34       }
35       for(i=0;fread(&goods[i],sizeof(struct gs),1,fp)!=0;i++);
36       //寻找新值应该插入的位置t
37       n=i;                                        //原有记录数
38       for(t=0;goods[t].ave>y.ave && t<n;t++);
39       //t之后的记录后移
40       for(i=n;i>t;i--)
41           goods[i]=goods[i-1];
42       goods[t]=y;                                 //插入新记录
43       if((fp=fopen("sort_ins.bin","wb"))==NULL)    //以写方式打开文件
44       {
45           printf("不能打开文件,写文件失败!\n");
```

```
46              exit(0);
47          }
48          printf("编号\t 名称\t1 季度\t2 季度\t3 季度\t4 季度\t 平均额\n");
49          for(i=0;i<n+1;i++)
50          {
51              fwrite(&goods[i],sizeof(struct gs),1,fp);        //块写文件
52              printf("%s\t%s\t%7.2f\t%7.2f\t%7.2f\t%7.2f\t%7.2f\n",
53                  goods[i].bh,goods[i].mc,goods[i].yue[0],goods[i].yue[1],
54                  goods[i].yue[2],goods[i].yue[3],goods[i].ave);
55          }
56          fclose(fp);
57      }
```

8. 从键盘任意输入一个记录序号，输出第 5 题文件 yye.bin 中该序号对应的商品信息。要求采用随机文件操作。

【程序代码】

```
1   #include <stdio.h>
2   #include <stdlib.h>
3   #define N 3                                  //N 个商品
4   #define M 4                                  //M 个季度
5   struct gs
6   {
7       char bh[6];                              //商品编号
8       char mc[10];                             //商品名称
9       float yue[M];                            //季度营业额
10      float ave;                               //平均营业额
11  }goods,temp;                                 //定义结构体数组
12  void main()
13  {
14      FILE *fp;                                //定义文件类型指针
15      int offset,n;
16      if((fp=fopen("yye.bin","rb"))==NULL)     //以读方式打开文件
17      {
18          printf("不能打开文件！\n");
19          exit(0);
20      }
21      printf("请输入要查找的记录序号:");
22      scanf("%d",&n);
23      offset=(n-1)*sizeof(struct gs);          //计算位移量
24      if(fseek(fp,offset,0)!=0)                //移动文件位置指针
25      {
26          printf("移动文件位置指针出错!");
27          exit(0);
28      }
29      fread(&goods,sizeof(struct gs),1,fp);    //读一条记录数据
```

```
30        printf("编号\t 名称\t1 季度\t2 季度\t3 季度\t4 季度\t 平均额\n");
31        printf("%s\t%s\t%7.2f\t%7.2f\t%7.2f\t%7.2f\t%7.2f\n",
32            goods.bh,goods.mc,goods.yue[0],goods.yue[1],
33            goods.yue[2],goods.yue[3],goods.ave);
34        fclose(fp);
35    }
```

9. 用记事本在源程序所在目录下建立一个文本文件，并输入 10 个四位数到文件中。按如下要求编写程序。

（1）编写函数，将上述文件中的数据读出，并存入数组 a 中。

（2）编写函数，从数组 a 中筛选出所有满足以下条件的数：（千位上的数）-（百位上的数）-（十位上的数）-（个位上的数）>0，将筛选出的数存入数组 b 中，最后将数组 b 中的数按从小到大的顺序进行排序，并输出。

（3）编写函数，把排序结果写入另一文本文件中。

【程序代码】

```
1   #include <stdio.h>
2   #include <stdlib.h>
3   #define M 10
4   int a[M],b[M],n=0;
5   void sort()
6   {
7       int i,j,t,qw,bw,sw,gw;
8       for(i=0;i<M;i++)
9       {
10          qw=a[i]/1000;
11          bw=a[i]/100%10;
12          sw=a[i]%100/10;
13          gw=a[i]%10;
14          if(qw-bw-sw-gw>0)
15              b[n++]=a[i];
16      }
17      for(i=1;i<=n-1;i++)                              //排序
18          for(j=0;j<n-i;j++)
19              if(b[j]>b[j+1])
20              {
21                  t=b[j];
22                  b[j]=b[j+1];
23                  b[j+1]=t;
24              }
25      printf("排序结果如下:");
26      for(i=0;i<n;i++)
27          printf("%d ",b[i]);
28      printf("\n");
29  }
30  void read_data()
31  {
```

```
32      FILE *fp;
33      int i=0;
34      char fname[50];                        //存放要打开的文件名
35      printf("请输入原始数据文件名:");
36      scanf("%s",fname);
37      if((fp=fopen(fname,"r"))==NULL)
38      {
39          printf("不能打开文件，读文件失败！\n ");
40          exit(0);
41      }
42      while(!feof(fp))
43      {
44          fscanf(fp,"%d,",&a[i]);            //从文件中读取数据
45          i++;
46      }
47      fclose(fp);
48  }
49  void write_data()
50  {
51      FILE *fp;
52      int i;
53      char fname[50];                        //存放要打开的文件名
54      printf("请输入保存排序结果的文件名:");
55      scanf("%s",fname);
56      if((fp=fopen(fname,"w"))==NULL)
57      {
58          printf("不能打开文件，写文件失败！\n ");
59          exit(0);
60      }
61      for(i=0;i<n;i++)
62          fprintf(fp,"%d ",b[i]);            //数据写入文件
63      fclose(fp);
64  }
65  void main()
66  {
67      read_data();                           //调用输入函数
68      sort();                                //调用排序函数
69      write_data();                          //调用输出函数
70  }
```

第9章 编译预处理

9.1 课后习题解答

一、单项选择题

1. 编译系统对宏命令的处理是（　　）。
   - （A）在程序运行时进行的
   - （B）在程序连接时进行的
   - （C）在程序编译时进行的
   - （D）在程序正式编译之前进行的

   【答案】D

2. 以下关于宏替换的叙述中，不正确的是（　　）。
   - （A）宏替换不占用程序的运行时间
   - （B）宏名无类型
   - （C）宏替换只是字符替换
   - （D）宏名必须用大写字母表示

   【解析】宏名通常用大写字母表示，但也可以用小写字母。
   【答案】D

3. 以下叙述中，正确的是（　　）。
   - （A）编译预处理功能仅包括宏定义和文件包含
   - （B）编译预处理命令只能位于源程序的开头
   - （C）源程序中编译预处理命令以"#"开头
   - （D）编译预处理就是对源程序进行初步的语法检查

   【答案】C

4. 已有如下定义：

```
1  #define d 5
2  int a=0;
3  double b=3.05;
4  char c='B';
```

   以下语句中，错误的是（　　）。
   - （A）a++;
   - （B）b++;
   - （C）c++;
   - （D）d++;

   【解析】由于d是符号常量，++运算符只能用于变量。所以D选项是错误的。
   【答案】D

5. 以下宏定义用来求x的平方，在任何情况下宏替换都不会出错的是（　　）。

(A) #define F(x) x*x　　　　　　　　(B) #define F(x) (x)*(x)
(C) #define F(x) (x*x)　　　　　　　(D) #define F(x) ((x)*(x))

【答案】D

6. C语言中，提前终止宏定义的作用域的命令是（　　）。

(A) #undef　　　(B) #ifndef　　　(C) #undefine　　　(D) undefine

【答案】A

7. 若有以下宏定义：

```
1  #define N 2
2  #define F(n) ((N+1)*n)
```

执行语句 int a=3*(N+F(5));后，变量 a 的值是（　　）。

(A) 10　　　(B) 51　　　(C) 45　　　(D) 语法有错误

【解析】语句 a=3*(N+F(5));展开后的结果是 a=3*(2+((2+1)*5));。

【答案】B

8. 以下程序的运行结果是（　　）。

```
1   #include <stdio.h>
2   #define N 3
3   int A(int a)
4   {
5       return(N*a*a);
6   }
7   void main()
8   {
9       printf("%d\n",A(2+3));
10  }
```

(A) 45　　　(B) 15　　　(C) 75　　　(D) 编译出错

【解析】语句 return(N*a*a);展开后的结果是 return(3*a*a);，函数调用时传给形参 a 的值是 5，这样返回值为 3*5*5，即 75。

【答案】C

9. 已知宏定义#define A(x) x*x，执行语句 printf("%d\n",20/A(3));后的输出结果是（　　）。

(A) 10　　　(B) 30　　　(C) 18　　　(D) 20

【解析】20/A(3)展开后的结果是 20/3*3，20/3 的结果是 6，6*3 得 18。

【答案】C

10. 以下叙述中，不正确的是（　　）。

(A) 一个#include 命令只能包含一个文件
(B) 文件包含是可以嵌套的，即被包含的文件中又可以包含其他文件
(C) 每个程序的开头必须有#include <stdio.h>，否则编译会出错
(D) 在#include 命令中，文件名可以用双引号或尖括号括起来

【答案】C

11. 在文件包含命令中，当#include 后面的文件名用双引号引起来时，寻找被包含文件的方式是（　　）。
  （A）只搜索当前目录
  （B）只搜索源程序所在的目录
  （C）直接到编译系统设定的包含文件目录中去寻找
  （D）先搜索源程序所在目录，再搜索编译系统设定的包含文件目录
【答案】D

12. 关于文件包含命令，以下叙述中正确的是（　　）。
  （A）#include 命令所包含的文件可以是目标文件
  （B）#include 命令行以分号结尾
  （C）#include 命令所包含的文件的扩展名只能是.h
  （D）对被包含文件中的错误进行修改后，包含它的源文件必须重新编译
【解析】#include 命令所包含的文件为源程序文件，其扩展名一般是.h，也可以是.c 等。
【答案】D

13. C 语言提供了条件编译命令，其基本格式如下：

1	#X 标记符
2	程序段 1
3	#else
4	程序段 2
5	#endif

其中，X 可以是（　　）。
  （A）ifdef、ifndef、if   （B）define、if
  （C）ifdef、include   （D）ifdef、ifndef、define
【答案】A

14. 以下程序的运行结果是（　　）。

1	#include <stdio.h>
2	#define DEBUG
3	void main()
4	{
5	int a=4,b=5,c;
6	c=a/b;
7	#ifndef DEBUG
8	printf("%d %d ",a,b);
9	#endif
10	printf("%d\n",c);
11	}

  （A）4 5 0   （B）0   （C）0 4 0   （D）0 5 0
【答案】B

15. 以下程序的运行结果是（　　）。

```
1    #include <stdio.h>
2    #define F(k,n)  ((k%n==1)?1:0)
3    void main()
4    {
5        int m;
6        for(m=1;m<100;m++)
7            if(F(m,3) && F(m,7))
8                printf("%d",m);
9    }
```

(A) 1 到 100 之间所有能被 3 或者 7 整除的数
(B) 1 到 100 之间所有能被 3 和 7 整除的数
(C) 1 到 100 之间所有被 3 或者 7 整除余 1 的数
(D) 1 到 100 之间所有被 3 和 7 整除余 1 的数

【解析】(k%n==1)?1:0 表示当 k 被 n 整除余 1 时，其值为 1。要使 F(m,3) && F(m,7) 为真，变量 m 必须同时被 3 和 7 整除余 1。

【答案】D

二、编程题

1. 从键盘输入两个整数，求第 1 个数和第 2 个数相除的余数。要求用带参数的宏定义实现。

【程序代码】

```
1    #include <stdio.h>
2    #define MOD(a,b) a%b              //宏定义
3    void main()
4    {
5        int c,d,t;
6        printf("请输入两个整数:");
7        scanf("%d%d",&c,&d);
8        t=MOD(c,d);
9        printf("余数是: %d\n",t);
10   }
```

2. 定义一个求两数中较大值的宏，从键盘输入 3 个数，利用该宏求这 3 个数的最大值。

【程序代码】

```
1    #include <stdio.h>
2    #define MAX(a,b) (a)>(b)? (a):(b)          //宏定义
3    void main()
4    {
5        int a,b,c,t;
6        printf("请输入 3 个整数:");
7        scanf("%d%d%d",&a,&b,&c);
8        t=MAX(MAX(a,b),c);
```

```
9         printf("3 个数的最大值是：%d\n",t);
10    }
```

9.2 等考模拟试题

一、单项选择题

1．以下叙述中正确的是（　　）。
　　（A）在程序的一行上可以出现多个有效的预处理命令行
　　（B）使用带参的宏时，参数的类型应与宏定义时的一致
　　（C）宏替换不占用运行时间，是在编译之前进行处理的
　　（D）定义"#define B C 045"中"B C"是宏名
【解析】一条预处理命令占用一行，A 选项错误；宏名及其参数都没有类型，B 选项错误；宏名中不能出现空格，D 选项错误。
【答案】C

2．有宏定义：#define N 2，则以下叙述中正确的是（　　）。
　　（A）宏定义中定义了标识符 N 的值为整数 2
　　（B）编译系统对 C 源程序进行预处理时将用 2 替换标识符 N
　　（C）对 C 源程序进行编译时将用 2 替换标识符 N
　　（D）在程序运行时将用 2 替换标识符 N
【解析】宏替换时，2 是被当作一个字符串来替换宏名的，而不是被看作整数值 2，所以 A 选项错误。
【答案】B

3．在宏定义#define PI 3.14 中，用宏名 PI 代替一个（　　）。
　　（A）变量　　　　　（B）单精度数　　　　（C）双精度数　　　　（D）字符串
【解析】#define 命令中的 3.14 应该看作是一个字符串。
【答案】D

4．对下面的程序段：

```
1    #define M 3
2    #define N(a)  ((M+1)*a)
3    ...
4    x=2*(M+N(7));
```

变量 x 的值是（　　）。
　　（A）93　　　　　　　　　　　　　　　　（B）程序错误，不许嵌套宏定义
　　（C）31　　　　　　　　　　　　　　　　（D）62
【解析】x=2*(M+N(7))展开后是 x=2*(3+((3+1)*7))。
【答案】D

5．以下程序的运行结果是（　　）。

```
1    #define M(a,b) ((a)>(b)?(a):(b))
2    #include <stdio.h>
3    void main()
4    {
5        int a=3,b=4,c=5;
6        printf("%d\n",M(M(a,b),c));
7    }
```

(A) 3　　　　(B) 4　　　　(C) 5　　　　(D) 6

【解析】MAX(a,b)宏替换后为 MAX(3,4)，其值为 4；再求 MAX(4,c)，结果为 5。
【答案】C

6. 以下程序的运行结果是（　　）。

```
1    #define M(x,y) (x)<(y)?(x):(y)
2    #include <stdio.h>
3    void main()
4    {
5        int i=10,j=15,k;
6        k=10*M(i,j);
7        printf("%d\n",k);
8    }
```

(A) 10　　　　(B) 20　　　　(C) 15　　　　(D) 150

【解析】k=10*M(i,j)宏替换后为 k=10*(10)<(15)?(10):(15)，即 k=100<15?10:15，k 的值为 15。
【答案】C

7. 以下程序的运行结果为（　　）。

```
1    #define H 3.5
2    #define P(x) H*x*x
3    #include <stdio.h>
4    void main()
5    {
6        int a=1,b=2;
7        printf("%4.1f\n",P(a+b));
8    }
```

(A) 3　　　　(B) 7　　　　(C) 7.5　　　　(D) 10.5

【解析】P(a+b)宏替换后为 3.5*1+2*1+2，其值为 7.5。
【答案】C

8. 以下程序的运行结果为（　　）。

```
1    #include <stdio.h>
2    #define S(x) x*x
3    void main()
4    {
```

```
5        int a=10,k=2,m=1;
6        a/=S(k+m)/S(k+m);
7        printf("%d\n",a);
8    }
```

（A）8　　　　　　（B）1　　　　　　（C）10　　　　　　（D）12

【解析】a/=S(k+m)/S(k+m)宏替换后为 a/=2+1*2+1/2+1*2+1，化简后得 a/=7，即 a=a/7，因此，a 的值为 1。

【答案】B

9．以下程序的运行结果是（　　）。

```
1    #include <stdio.h>
2    #define S(a)  (a)-(a)
3    void main()
4    {
5        int a=3,b=4,c=5,d;
6        d=S(a+b)*c;
7        printf("%d\n",d);
8    }
```

（A）10　　　　　　（B）-28　　　　　　（C）30　　　　　　（D）50

【解析】d=S(a+b)*c 宏展开后为 d=(3+4)-(3+4)*5，因此，d 的值为-28。

【答案】B

10．以下程序的运行结果是（　　）。

```
1    #include <stdio.h>
2    #define P(x)  x*x*x
3    void main()
4    {
5        int a=3,b,c;
6        b=P(a+1);
7        c=P((a+1));
8        printf("%d,%d\n",b,c);
9    }
```

（A）10，64　　　　（B）4，4　　　　（C）64，64　　　　（D）8，8

【解析】宏展开后，b=3+1*3+1*3+1=10；c=(3+1)*(3+1)*(3+1)=64。

【答案】A

11．以下程序的运行结果是（　　）。

```
1    #include <stdio.h>
2    #define M(x,y)  (x)*y
3    void main()
4    {
5        int a=3,b=4,c;
```

```
6        c=M(++a,b++);
7        printf("%d\n",c);
8    }
```

(A) 20　　　　(B) 12　　　　(C) 16　　　　(D) 15

【解析】c=M(a++,b++)宏替换后为 c=(++a)*b++，表达式++a 的值为 4，表达式 b++的值为 4，因此，变量 c 的值为 16。

【答案】C

12. 以下程序的运行结果是（　　）。

```
1    #include <stdio.h>
2    #define X 5
3    #define Y X+1
4    #define Z Y*X/2
5    void main()
6    {
7        int a;
8        a=Y;
9        printf("%d,",Z);
10       printf("%d ",--a);
11   }
```

(A) 8，6　　　　(B) 10，4　　　　(C) 9，7　　　　(D) 7，5

【解析】宏替换后，a=Y=X+1=6，Z=Y*X/2=X+1*X/2=5+1*5/2=7；表达式--a 的值为 5。

【答案】D

13. 以下程序的运行结果是（　　）。

```
1    #include <stdio.h>
2    #define A 5
3    #define B A+1
4    #define P(x) (x*B)
5    void main()
6    {
7        int a,b;
8        a=P(2);
9        b=P(1+1);
10       printf("%d %d",a,b);
11   }
```

(A) 5 6　　　　(B) 11 7　　　　(C) 15 12　　　　(D) 11 12

【解析】宏展开后，a=P(2)=(2*B)=(2*A+1)=(2*5+1)=11，b=P(1+1)=(1+1*B)=(1+1*A+1)=(1+1*5+1)=7。

【答案】B

14．已知文件 a.h 的内容如下：

```
1  #define MY(A,B) A/B
2  #define PRINT(Y) printf("y=%d\n",Y)
```

下面程序的输出结果是（　　）。

```
1  #include "a.h"
2  #include <stdio.h>
3  void main()
4  {
5      int a=1,b=2,c=3,d=4,k;
6      k=MY(a+c,b+d);
7      PRINT(k);
8  }
```

（A）编译有错误　　　（B）k=0　　　（C）y=0　　　（D）y=6

【解析】命令行#include "a.h"将文件 a.h 中的宏定义命令包含到本文件中来，宏展开后，k=MY(a+c,b+d)=a+c/b+d=1+3/2+4=6；PRINT(k)展开后为 printf("y=%d\n",k)，因此，输出结果为 y=6。

【答案】D

二、编程题

1．定义一个判定某年是否为闰年的带参宏，从键盘输入一个年份，利用宏输出该年是否为闰年。

【程序代码】

```
1   #include <stdio.h>
2   #define YEAR(y)  ((y%4==0)&&(y%100!=0)||(y%400==0))     //宏定义
3   void main()
4   {
5       int y;
6       printf("请输入年:");
7       scanf("%d",&y);
8       if(YEAR(y))
9           printf("%d 是闰年!\n",y);
10      else
11          printf("%d 不是闰年!\n",y);
12  }
```

2．定义一个实现两个整数互换的带参宏，并利用它将一维数组 a 和 b 的值进行交换，一维数组 a 和 b 的值从键盘输入。

【程序代码】

```
1   #include <stdio.h>
2   #define SWAP(x,y) {int t;t=x;x=y;y=t;}     //宏定义
3   void main()
```

```
4     {
5         int i,a[5],b[5];
6         printf("输入数组 a 的值:");
7         for(i=0;i<5;i++)
8             scanf("%d",&a[i]);
9         printf("输入数组 b 的值:");
10        for(i=0;i<5;i++)
11            scanf("%d",&b[i]);
12        for(i=0;i<5;i++)                    //使用宏替换交换两数组的值
13            SWAP(a[i],b[i]);
14        printf("输出数组 a 的值:");
15        for(i=0;i<5;i++)
16            printf("%4d",a[i]);
17        printf("\n");
18        printf("输出数组 b 的值:");
19        for(i=0;i<5;i++)
20            printf("%4d",b[i]);
21        printf("\n");
22    }
```

3．从键盘输入一行电报字符，通过条件编译命令来控制是产生明文输出程序还是密文输出程序。所谓密文是指将所有字母循环顺移一个位置，即 a 变成 b，b 变成 c，…，z 变成 a。

【程序代码】

```
1     #define CHANGE 1            //宏定义 CHANGE 代表 1
2     #include <stdio.h>
3     void main()
4     {
5         char str[20];
6         int i=0;
7         printf("请输入字符串:");
8         scanf("%s",str);
9         #if CHANGE              //条件编译开始,如果 CHANGE 为真(1),密文输出
10            while(str[i]!='\0')
11            {
12                if((str[i]=='z')||(str[i]=='Z'))        //Z 或 z 转换成 A 或 a
13                    str[i]=str[i]-25;
14                else if((str[i]>='a')&&(str[i]<='z')||(str[i]>='A') &&(str[i]<='Z'))
15                    str[i]=str[i]+1;                    //其他字母转换为下一字母
16                i++;
17            }
18        #endif                                          //条件编译结束
19        printf("结果为:\n");
20        printf("%s\n",str);
21    }
```

【说明】 如果将#define CHANGE 1 改为#define CHANGE 0，则输入的字符原样输出。

第 10 章　用户定制数据类型

10.1　课后习题解答

一、单项选择题

1. 定义一个共用体变量时，系统分给它的内存空间是（　　）。
   - （A）各成员所需内存空间的总和
   - （B）共用体中第 1 个成员所需的内存量
   - （C）共用体成员中占用存储空间最大者所需的内存量
   - （D）共用体中最后一个成员所需的内存量

   【答案】C

2. 以下关于共用体类型的叙述中正确的是（　　）。
   - （A）可以对共用体变量名直接赋值
   - （B）可以像初始化结构体变量那样对共用体变量进行初始化
   - （C）如果修改了共用体变量中某个成员的值，则其他成员的值也会改变。
   - （D）共用体变量不能作为结构体类型的成员

   【答案】C

3. 共用体变量定义为：union {char c;int x;}d;，以下语句中正确的是（　　）。
   - （A）d.c='x'; x=10;
   - （B）d={'x',10};
   - （C）d.x=10; d.c='x';
   - （D）d={'x'};

   【答案】C

4. 已知整型、字符型和单精度型数据所占的字节数分别为 4、1、4，共用体变量定义如下：union{ int i; char c; float a;}d;，则 sizeof(d)的值是（　　）。
   - （A）4　　　　（B）5　　　　（C）6　　　　（D）8

   【答案】A

5. 以下说法中错误的是（　　）。
   - （A）枚举类型中的枚举元素是常量
   - （B）枚举类型中枚举元素的值只能从 0 开始以 1 为步长递增
   - （C）两个相同枚举类型的变量之间可以进行关系运算
   - （D）枚举常量或者枚举变量的值输出时应该使用整型格式说明符

【答案】 B

6. 已知：enum week{sun,mon,tue,wed,thu,fri,sat}day;，则正确的赋值语句是（　　）。

　　（A）sun=1;　　　　（B）day=mon;　　　　（C）sun=mon;　　　　（D）day=7;

【答案】 B

7. 已知：enum {red,yellow=2,blue,white,black}color;，执行语句 printf("%d",white);后的结果是（　　）。

　　（A）0　　　　　　　（B）1　　　　　　　　（C）3　　　　　　　　（D）4

【答案】 D

8. 以下语句中正确的是（　　）。

　　（A）struct s{int x; int y;}　　　　　　　　（B）union u{int x; int y;}a={4,8};
　　（C）enum e{int x; int y;};　　　　　　　　（D）struct {int x; int y;}a={4,8};

【解析】 A 选项中，语句末尾少了分号；B 选项中，共用体不能初始化；C 选项中，花括号内不是枚举元素。

【答案】 D

9. 以下关于 typedef 的说法中不正确的是（　　）。

　　（A）用 typedef 可以创建新的数据类型

　　（B）typedef 只是给已有的数据类型起了一个别名

　　（C）typedef 不能用来给变量起一个别名

　　（D）合理使用 typedef 可以增强程序的可读性和可移植性

【答案】 A

10. 已知：typedef struct T{char ch; int a;}C;，则下面叙述中正确的是（　　）。

　　（A）T 和 C 都是结构体类型的变量

　　（B）可以用 C 定义结构体变量

　　（C）T 是结构体类型的变量

　　（D）C 是结构体类型的变量

【解析】 C 是结构体类型，而非变量，可以用它来定义结构体变量。

【答案】 B

11. 已知：int x=2,y=3;，则 x&y 的结果是（　　）。

　　（A）0　　　　　　　（B）2　　　　　　　　（C）3　　　　　　　　（D）4

【答案】 B

12. 已知：int a=2,b=4,c=5;，则(a|b)&c 的结果是（　　）。

　　（A）2　　　　　　　（B）3　　　　　　　　（C）4　　　　　　　　（D）5

【答案】 C

13. 已知：int x=25; x^=25;，则 x 的值是（　　）。

　　（A）25　　　　　　（B）1　　　　　　　　（C）−1　　　　　　　（D）0

【答案】 D

14. 已知：unsigned int b; b=~4&3;，则 b 的值是（　　）。

　　（A）3　　　　　　　（B）4　　　　　　　　（C）1　　　　　　　　（D）0

【答案】 A

15. 在位运算中，将操作数左移 1 位相当于（　　）。
　　（A）操作数乘以 4　　　　（B）操作数除以 4
　　（C）操作数乘以 2　　　　（D）操作数除以 2

【答案】C

二、编程题

1. 采用共用体编程实现以下功能：给定一个十六进制 unsigned int 型数，将其前两个字节和后两个字节分别作为两个 unsigned short 型数以十六进制输出。说明：unsigned int 型数据占 4 个字节，unsigned short 型数据占 2 个字节。

【程序代码】

1	`#include <stdio.h>`
2	`void main()`
3	`{`
4	`    union aa                                //定义共用体类型`
5	`    {`
6	`        unsigned short a[2];               //共用体成员，存放两个短整型数`
7	`        unsigned int b;                    //共用体成员，存放整型数`
8	`    }c;                                    //定义共用体变量`
9	`    printf("请输入一个十六进制整数：");`
10	`    scanf("%x",&c.b);`
11	`    printf("十六进制整数=%x\n", c.b);`
12	`    printf("low=%x, high=%x\n", c.a[0], c.a[1]);    //输出结果`
13	`}`

【运行结果】

```
请输入一个十六进制整数：12345678↙
十六进制整数=12345678
low=5678, high=1234
```

2. 定义一个枚举类型 weekday，假设今天是星期二，从键盘输入一个正整数 x，计算 x 天后为星期几。

【程序代码】

1	`#include <stdio.h>`
2	`void main()`
3	`{`
4	`    enum weekday{sunday,monday,tuesday,wednesday,thursday, friday,`
	`                 saturday};                 //定义枚举类型`
5	`    enum weekday day;                      //定义枚举类型变量`
6	`    int x,i;`
7	`    day=tuesday;                           //枚举类型变量 day 赋初值 tuesday`
8	`    printf("请输入间隔天数：");`
9	`    scanf("%d",&x);`
10	`    i=(day+x)%7;                           //计算 x 天后枚举元素的序号，即星期几`

11	switch (i)
12	{
13	case monday: printf("monday\n"); break;
14	case tuesday: printf("tuesday\n"); break;
15	case wednesday: printf("wednesday\n"); break;
16	case thursday: printf("thursday\n"); break;
17	case friday: printf("friday\n"); break;
18	case saturday: printf("saturday\n"); break;
19	case sunday: printf("sunday\n"); break;
20	}
21	}

3．编程从键盘输入一个八进制整数 x 和一个十进制整数 n，如果 n 大于 0，则将 x 右移 n 位，否则将 x 左移-n 位，用八进制输出移位后 x 的值。

【程序代码】

1	#include <stdio.h>
2	void main()
3	{
4	int x,n;
5	printf("八进制整数 x 和十进制整数 n:");
6	scanf("%o%d",&x,&n);
7	if (n>0)
8	printf("%o\n",x>>n); //x 右移 n 位
9	else
10	printf("%o\n",x<<-n); //x 左移 n 位
11	}

10.2　等考模拟试题

一、单项选择题

1．下列运算符中优先级最高的是（　　）。

  （A）~   （B）&&   （C）&   （D）|

【解析】单目运算符的优先级高于双目运算符。

【答案】A

2．已知：int x=0x40;，则 printf("%d",x=x<<1);语句的输出结果是（　　）。

  （A）128   （B）100   （C）120   （D）64

【解析】0x40 为十六进制数。

【答案】A

3．执行以下语句后，z 的二进制值是（　　）。

```
1  char x=3,y=6,z;
2  z=x^y<<2;
```

(A) 000101000　　(B) 00011011　　(C) 00011100　　(D) 00011000

【解析】左移运算符<<的优先级最高，位异或运算符^次之，赋值运算符=的优先级最低。先移位得 00011000，再与 x 的值 00000011 进行位异或，得 00011011。

【答案】B

4．已知：

```
1  union
2  {
3      int n[13];
4      char ch;
5      float f;
6  }b;
```

如果 b.n[0] 的地址是 160，则 b.ch 和 b.f 的地址分别是（　　）。

(A) 166，167　　(B) 160，160　　(C) 161，162　　(D) 212，213

【解析】共用体中的变量共用一个内存区。共用体变量的地址和它的各成员的地址都相同。

【答案】B

5．已知：

```
1  union data
2  {
3      int d1;
4      float d2;
5  }t;
```

则下面叙述中错误的是（　　）。

(A) 变量 t 与成员 d2 所占的内存字节数相同

(B) 成员 d1 和 d2 的地址相同

(C) 变量 t 和成员 d2 的地址相同

(D) 若给 t.d1 赋 99 后，则 t.d2 中的值是 99.0

【解析】共用体成员共用一个内存区，共用体变量所占字节数为成员中占字节数最大者所需的字节数，A 选项正确；共用体变量的地址和它的各成员的地址相同，B、C 选项正确。因为整型数和浮点数在内存中的存储方式不同，浮点数是按尾数和阶码进行存储，而整型数不是这样，所以 D 选项错误。

【答案】D

6．已知：

```
1  union t
2  {
3      int i;
4      char c;
5      float f;
6  }a;
```

```
7       int m;
```

则以下语句中正确的是（　　）。

　　（A）a=3;　　　　　　　　　　　　　　（B）a={3,'h',3.2};
　　（C）m=a　　　　　　　　　　　　　　（D）printf("%d\n",a.c);

【解析】不能对共用体变量直接赋值，只能通过使用成员的方式对共用体进行操作，A 选项错误。共用体变量在任何时刻只有一个成员存在，不能对它同时赋值，B 选项错误。m 是整型变量，a 是共用体变量，不能将 a 赋给 m，C 选项错误。

【答案】D

7. 以下程序的输出结果是（　　）。

```
1   #include <stdio.h>
2   void main()
3   {
4       union s
5       {
6           int i ;
7           char ch;
8           float a;
9       }temp;
10      temp.i=266;
11      printf("%d",temp.ch);
12  }
```

　　（A）255　　　　　（B）256　　　　　（C）10　　　　　（D）2

【解析】共用体变量 temp 的所有成员共占同一存储单元，它的长度是 4 个字节。266 的二进制表示是 0…0100001010，其第 1 个字节为 00001010。引用 temp.ch 进行输出，只取最低的第一个字节，即 00001010，它等价于十进制数 10。

【答案】C

8. 输入 3 时，以下程序的输出结果是（　　）。

```
1   #include <stdio.h>
2   void main()
3   {
4       enum week{Mon,Tue,Wed,Thu,Fri,Sat,Sun};
5       enum week day;
6       scanf("%d",&day);
7       printf("it is %d\n",day);
8   }
```

　　（A）it is Tue　　　（B）it is Wed　　　（C）it is Thu　　　（D）it is 3

【解析】枚举常量或者枚举变量的值输出时都是一个整数。

【答案】D

9. 以下程序段的输出结果是（　　）。

```
1    enum t{a,b=4,c,d=c+10};
2    printf("%d %d %d %d",a,b,c,d);
```

（A）0 1 2 3　　　　（B）0 4 5 15　　　　（C）0 4 0 10　　　　（D）1 4 5 15

【解析】枚举元素序号的起始值默认从 0 开始，所以 a 为 0；而 b=4，改变了序列规律，c 增 1，则 c=5，d=c+10=15。

【答案】B

10．以下程序的输出结果是（　　）。

```
1    #include <stdio.h>
2    void main()
3    {
4        enum name{zhao=1,qian,sun,li}man;
5        man=qian;
6        switch(man)
7        {
8            case 0: printf("People\n");break;
9            case 1: printf("Man\n");break;
10           case 2: printf("Woman\n");break;
11           default: printf("Error\n");break;
12       }
13   }
```

（A）People　　　　（B）Man　　　　（C）Woman　　　　（D）Error

【解析】qian 的值为 2。

【答案】C

11．对以下定义，下列叙述中正确的是（　　）。

```
1    typedef int * INT
2    INT p,*q;
```

（A）p 是 int 型变量　　　　　　　　　　（B）p 是基类型为 int 的指针变量
（C）可用 INT 代替 int 类型　　　　　　（D）q 是基类型为 int 的一级指针变量

【解析】语句 typedef int * INT;声明 INT 为整型指针类型，因此，p 为指向整型数据的指针变量，q 为指向整型指针的指针，即二级指针变量。

【答案】B

12．下列定义中错误的是（　　）。

（A）typedef int NUM[100]; NUM n;　　　　//定义一维数组 n[100]
（B）typedef char CH; CH c,*p=&c;　　　　//定义字符型指针变量 p
（C）typedef char* CH; CH p='A';　　　　　//定义字符型变量 p
（D）typedef int (*POINT) ( ); POINT p1,p2;　　//定义指向函数的指针

【解析】C 选项中，p 为字符型指针变量，应该赋地址，所以错误。

【答案】C

13. 以下程序的运行结果是（   ）。

```
1   #include <stdio.h>
2   #include <string.h>
3   typedef struct
4   {
5       char name[9];
6       char sex;
7       float score[2];
8   }STUDENT;
9   void f(STUDENT a)
10  {
11      STUDENT b={"Wang",'m',75.0,70.0} ;
12      int i;
13      strcpy(a.name,b.name);
14      a.sex=b.sex;
15      for(i=0;i<2;i++)
16          a.score[i]=b.score[i];
17  }
18  void main()
19  {
20      STUDENT c={"Li",'f',95.0,92.0};
21      f(c);
22      printf("%s,%c,%2.0f,%2.0f\n",c.name,c.sex,c.score[0],c.score[1]);
23  }
```

（A）Li,f,95,92   （B）Li,m,75,70
（C）Wang,m,75,92   （D）Wang,m,75,70

【解析】在 main( )函数和 f( )函数中分别用 STUDENT 定义了结构体变量 c 和 b，并赋值。在 main( )函数中调用函数 f( )时，传递的是结构体数据，是值传递，函数 f( )中对形参的改变不会影响实参，因此，结构体变量 c 各成员的值不变。

【答案】A

14. 以下程序的运行结果是（   ）。

```
1   #include <stdio.h>
2   #include <string.h>
3   typedef struct
4   {
5       char name[9];
6       char sex;
7       float score[2];
8   }STUDENT;
9   STUDENT f(STUDENT a)
10  {
11      STUDENT b={"Wang",'m',75.0,70.0} ;
```

```
12          int i;
13          strcpy(a.name,b.name);
14          a.sex=b.sex;
15          for(i=0;i<2;i++)
16              a.score[i]=b.score[i];
17          return a;
18      }
19      void main()
20      {
21          STUDENT c={"Li",'f',95.0,92.0},d;
22          d=f(c);
23          printf("%s,%c,%2.0f,%2.0f\n",d.name,d.sex,d.score[0],d.score[1]);
24      }
```

（A）Li,f,95,92　　　　　　　　（B）Li,m,75,70
（C）Wang,m,75,92　　　　　　（D）Wang,m,75,70

【解析】函数 f( )的功能是将结构体变量 b 的值复制给 a，并返回 a 的值到 main( )函数中赋给 d，因此，变量 d 的值就是 a 的值，也就是 b 的值。

【答案】D

15．表达式 0x13&0x17 的值是（　　）。

（A）0x17　　　（B）0x13　　　（C）0x27　　　（D）0x18

【解析】十六进制数 0x13 转换成二进制数为 00010011；十六进制数 0x17 转换成二制数为 00010111，&运算后二进制为 00010011，即十六进制数 0x13。

【答案】B

16．假设二进制数 x 的值是 11000011，如果想通过 x&y 运算使得 x 的低 4 位不变，高 4 位清零，则 y 的二进制值是（　　）。

（A）00110011　　　　　　　　（B）11110000
（C）00001111　　　　　　　　（D）11001100

【解析】用&运算保留数的某几位时，只要取一个数，在该数中将要保留的位取 1，其余位取 0 即可。

【答案】C

17．以下程序的运行结果是（　　）。

```
1   #include <stdio.h>
2   void main()
3   {
4       int a=7,b=6,t;
5       t=(a>>2|b);
6       printf("%d\n",t);
7   }
```

（A）11　　　（B）7　　　（C）5　　　（D）2

【解析】运算符>>的优先级高于运算符|。a 的二进制数的最后一个字节是 00000111，右移 2 位后得 00000001，00000001|00000110=111，即 7。

【答案】B

18. 已知：int b=2;，则表达式(b>>2)/(b>>1)的值是（   ）。
    （A）4   （B）3   （C）2   （D）0

【解析】(b>>2)的值为 0。

【答案】D

二、填空题

1. 有共用体变量定义如下：

```
1    union {int a; char c; float x;}b;
```

若 int 型变量占 4 个字节，char 型变量占 1 个字节，float 型变量占 4 个字节，则变量 b 占用的字节数为_____。

【解析】共用体变量所占字节数为成员中最大者所需的字节数，即 4。

【答案】4

2. typedef 数据类型重命名一般分以下 3 步：①_____；②_____；③_____。

【答案】①按定义变量的方法，写出定义体；②将变量名换成别名；③在定义体最前面加上关键词 typedef。

3. 以下程序的运行结果是_____。

```
1    #include <stdio.h>
2    void main()
3    {
4        union
5        {
6            char ch;
7            int n;
8        }t;
9        t.ch='B';
10       t.n=66;
11       printf("%d, %d\n",t.ch,t.n);
12   }
```

【解析】共用体变量的所有成员共占一个内存区，共用体成员的取值是最后一次给成员赋的值，即 66。

【答案】66，66

4. 以下程序的运行结果是_____。

```
1    #include <stdio.h>
2    void main()
3    {
4        union
5        {
6            struct
7            {
```

```
8              int m,n;
9           }k;
10          int a,b;
11       }e;
12       e.a=1;
13       e.b=2;
14       e.k.m=e.a*e.b;
15       e.k.n=e.a+e.b;
16       printf("%d,%d\n",e.k.m,e.k.n);
17   }
```

【解析】e 为共用体变量，k 为共用体内包含的结构体变量，k、a 和 b 为共用体成员，占用相同的存储空间。共用体成员的取值是最后一次给成员赋的值。所以执行语句 e.a=1;e.b=2;后，e.a 和 e.b 的值都是 2，这样 e.k.m = e.a*e.b = 2*2 = 4。运算后，e.a 和 e.b 的值变为 4，所以 e.k.n=e.a+e.b=4+4=8。

【答案】4,8

5. 以下程序的输出结果是_____。

```
1    #include <stdio.h>
2    void main()
3    {
4        union
5        {
6            int a[3];
7            long k;
8            char c[4];
9        }r,*s=&r;
10       s->a[0]=0x39;
11       s->a[1]=0x38;
12       printf("%x\n",s->c[0]);
13   }
```

【解析】整型数组 a 和字符数组 c 共用起始地址相同的存储空间，给 a 赋值也等于给 c 赋值，所以 s->c[0]=0x39，即十六进制数 39。

【答案】39

6. 以下程序的输出结果为_____。

```
1    #include <stdio.h>
2    void main()
3    {
4        enum month{Jan,Feb,Mar,Apr=8,May,Jun,Jul,Aug,Sept,Oct,Nov,Dec};
5        enum month m1=Mar,m2=Jun;
6        printf("%d,%d\n",m1,m2);
7    }
```

【解析】枚举变量 m1 和 m2 的值即为枚举元素 Mar 和 Jun 的序号。枚举元素的序号，默认起始值从 0 开始，依次增 1，所以 Mar 元素的序号是 2。而 Apr=8，改变了序列规律，Jun 元素的序号是 10。

【答案】2,10

7. 以下程序的输出结果是_____。

```
1  #include <stdio.h>
2  void main()
3  {
4      int x=0x2f,y=0xf0;
5      printf("%d\n",(x&y)>>4|0x5d);
6  }
```

【解析】x 的最低字节为二进制数 00101111，y 的最低字节为二进制数 11110000。x&y= 00100000；右移 4 位，得 00000010；0x5d 的二进制表示为 01011101，这样 00000010|01011101= 01011111，即十进制数 95。

【答案】95

8. 以下程序的运行结果是（_____）。

```
1   #include <stdio.h>
2   void main()
3   {
4       unsigned m=0x88,a,b,c;
5       a=m>>3;
6       printf("a=%d,",a);
7       b=~(~0<<4);
8       printf("b=%d,",b);
9       c=a&b;
10      printf("c=%d\n",c);
11  }
```

【解析】十六进制数 0x88 转换成二进制数为 10001000，m>>3 右移 3 位为 00010001，即十进制 17。~0 为连续 32 个 1，~0<<4 为 11…1110000，取反为 00…0001111，即十进制 15。a&b= 00…00010001 & 00…00001111 = 00…00000001，即十进制数 1。

【答案】a=17,b=15,c=1

三、编程题

1. 从键盘输入 4 个字符，采用共用体将这 4 个字符"拼"成一个无符号长整型数。

【程序代码】

```
1   #include <stdio.h>
2   void main()
3   {
4       union aa
5       {
```

6	char a[4];
7	unsigned long int b;
8	}c;
9	int i;
10	for(i=0;i<4;i++)
11	c.a[i]=getchar();
12	printf("%ld\n",c.b); //b与a占同一空间，b的值即数组a的值
13	}

2. 有 6 个球，颜色分别为红、黄、蓝、绿、白、黑，先后从中取出 3 个球，排成一列，输出所有可能的排列及总的排列数，要求使用枚举。

编程思路：

（1）球只能是 6 种颜色之一，可以使用枚举数据类型来处理。

（2）采用穷举法。假设先后取出的球为 i、j、k，则 i、j、k 都是从红到黑的 6 种颜色之一，且要求 i≠j≠k。

（3）要输出颜色字符串，可以采用 switch(i){…}、switch(j){…}、switch(k){…}来实现，但这样代码较为冗长，因此，改用循环来处理。要输出 3 个球，需经过 3 次循环，第 1 次输出 i 的颜色，第 2 次输出 j 的颜色，第 3 次输出 k 的颜色。在 3 次循环中先后将 i、j、k 的值赋予 p，然后根据 p 的值输出颜色信息。在第 1 次循环时，p 的值为 i，如果 i 为 red，则输出字符串"red"，其他类推。

【程序代码】

1	#include <stdio.h>
2	void main()
3	{
4	enum color{red,yellow,blue,green,white,black};//定义枚举类型
5	int i,j,k,p; //i,j,k 表示先后取出的 3 个球
6	int m=0,n; //累计得到 3 种不同颜色球的次数
7	for(i=red;i<=black;i++) //第 1 个球，颜色从 red 到 black
8	for(j=red;j<=black;j++) //第 2 个球，颜色从 red 到 black
9	for(k=red;k<=black;k++) //第 3 个球，颜色从 red 到 black
10	if((i!=j)&&(k!=i)&&(k!=j)) //如果 3 个球颜色不同
11	{
12	m++; //累加排列数
13	printf("%-4d",m); //打印是第几个排列
14	for(n=1;n<=3;n++) //输出 3 个球的颜色
15	{
16	if(n==1) p=i;
17	if(n==2) p=j;
18	if(n==3) p=k;
19	switch(p) //根据 p 的值，输出对应颜色的字符串
20	{

21	`                    case red:printf("%-8s","red");break;`
22	`                    case yellow:printf("%-8s","yellow");break;`
23	`                    case blue:printf("%-8s","blue");break;`
24	`                    case green:printf("%-8s","green");break;`
25	`                    case white:printf("%-8s","white");break;`
26	`                    case black:printf("%-8s","black");break;`
27	`                    default:break;`
28	`                }`
29	`            }`
30	`            printf("\n");                         //每输出一组排列，换行`
31	`        }`
32	`    printf("总排列数:%d\n",m);`
33	`}`

3．从键盘输入一个正整数 x，把从右端开始的第 4～7 位数取出来赋给变量 y。

编程思路：

（1）先将原数右移 3 位，目的是将要取出来的 4 位数移到最右端。可用方法 x>>3 实现。如 x 为 412，占 4 个字节，它的二进制表示为 00…0110011100，右移 3 位后变成 00…0110011。

（2）设置一个低 4 位全为 1，其余位数为 0 的数，即 15，将(x>>3)&15，得到要取出的数。

【程序代码】

1	`#include <stdio.h>`
2	`void main()`
3	`{`
4	`    unsigned x,y;`
5	`    scanf("%d",&x);                //输入一个数`
6	`    y=x>>3 & 15;`
7	`    printf("%d\n",y);`
8	`}`

【运行结果】

412✓
3

参考文献

[1] 龚本灿,等. C 语言程序设计教程[M]. 北京: 高等教育出版社, 2019.
[2] 苏小红,等. C 语言程序设计学习指导[M]. 北京: 高等教育出版社, 2015.
[3] 教育部考试中心. 全国计算机等级考试二级教程——C 语言程序设计[M]. 北京: 高等教育出版社, 2018.
[4] Clovis L Tondo, Scott E Gimpel 著, 杨涛, 等, 译. C 程序设计语言习题解答[M]. 北京: 机械工业出版社, 2017.
[5] 张书云,等. C 语言程序设计实验及习题解答[M]. 北京: 清华大学出版社, 2017.

郑重声明

高等教育出版社依法对本书享有专有出版权。任何未经许可的复制、销售行为均违反《中华人民共和国著作权法》，其行为人将承担相应的民事责任和行政责任；构成犯罪的，将被依法追究刑事责任。为了维护市场秩序，保护读者的合法权益，避免读者误用盗版书造成不良后果，我社将配合行政执法部门和司法机关对违法犯罪的单位和个人进行严厉打击。社会各界人士如发现上述侵权行为，希望及时举报，我社将奖励举报有功人员。

反盗版举报电话　　（010）58581999　58582371

反盗版举报邮箱　　dd@hep.com.cn

通信地址　　北京市西城区德外大街4号　高等教育出版社法律事务部

邮政编码　　100120

防伪查询说明

用户购书后刮开封底防伪涂层，使用手机微信等软件扫描二维码，会跳转至防伪查询网页，获得所购图书详细信息。

防伪客服电话　　（010）58582300